MASIH SAMIN

SEI HÖFLICH ZU DEINEM HUND!

Kommunikation auf Augenhöhe

INHALT

Höflicher Hundealltag

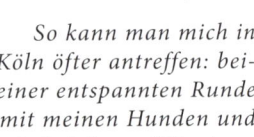

So kann man mich in Köln öfter antreffen: bei einer entspannten Runde mit meinen Hunden und vierbeinigen »Klienten«.

WER ICH BIN

Als ältestes von drei Kindern wurde ich 1987 in Kabul in Afghanistan geboren, und bevor mich mein Weg 1994 im Alter von sechs Jahren schließlich nach Deutschland führte, lebte ich mit meiner Familie in Pakistan und Russland.

Auf dieser Reise meiner Kindheit hinterließen Hunde einen besonderen Eindruck auf mich. Die bewegenden Erlebnisse mit afghanischen Straßenhunden und verschiedenen Hunden in Russland und Deutschland beeinflussten mein späteres Leben maßgeblich. Der Wunsch, einen eigenen Hund zu haben, sollte sich aber viel später erfüllen.

2007 beendete ich mein Fachabitur und schlug mich zunächst mit Gelegenheitsjobs durch. Dann war es so weit: Ich bekam einen eigenen Hund. Zu diesem Zeitpunkt ahnte ich noch nicht, wie sehr dies meinen weiteren Werdegang ebnen sollte. Fortan nutzte ich jede Gelegenheit, um Hunde auszuführen, und beschäftigte mich mit ihrem Verhalten. Zunächst waren es Hunde von Freunden und Nachbarn, bis andere Hundehalter auf mich aufmerksam wurden und mir ihre Tiere anvertrauten. Ich wurde zum Dogwalker. Zu diesem Zeitpunkt arbeitete ich bereits ehrenamtlich für verschiedene Tierschutzorganisationen und bot mich als Pflegestelle für schwer erziehbare Hunde an. So kam ich in Kontakt mit außergewöhnlichen Hunden und deren Geschichten.

Doch ich wollte mehr über Hunde und deren Verhalten wissen, als mir meine Intuition und die Fachliteratur bot. 2012 begann ich daher am Institut für Tierheilkunde in Limburg das Studium über die Verhaltenspsychologie von Hunden. Die Ausbildung umfasste zwei Jahre, basierte auf den neuesten Erkenntnissen des Hundeverhaltens und berücksichtigte das Lern- und Ausdrucksverhalten sowie rassespezifische Grundlagen und Problemverhalten von Hunden.

Zu dieser Zeit bekam ich meinen wohl schwersten Fall: eine äußerst aggressive Kangalhündin, die ich Mädchen nannte. Die Arbeit mit meinem Mädchen und der Prozess ihrer Resozialisierung formte maßgeblich meine Philosophie im Umgang und in der Arbeit mit verhaltensauffälligen Hunden. Heute arbeite ich deutschlandweit als Hundeverhaltenstherapeut, gebe Seminare und helfe Menschen, ihren Hund und sein Verhalten besser zu verstehen.

(M)EIN LEBEN MIT HUNDEN

Wenn wir die Entscheidung treffen, unser Leben mit einem Hund zu teilen, bedeutet das erst einmal Veränderung. Wir müssen unseren Alltag umstrukturieren und stehen neuen Herausforderung gegenüber. Natürlich bedeutet ein Hund viel Freude, aber auch eine Menge Arbeit, vor allem weil er erfolgreich in den Alltag integriert werden möchte.

Heute, wo Hunde nicht mehr nur die Aufgabe haben, für den Menschen zu arbeiten und sie als Hütehund, Jagdhund oder auf andere Weise zu unterstützen, ist es umso wichtiger, eine gute Beziehung zu ihnen zu pflegen. Hunde sind mittlerweile echte Familienmitglieder. Ob zu Hause oder auf der Arbeit, unterwegs im Wald oder in der Stadt: Es ist unerlässlich, dass Hunde und Menschen sich aufeinander verlassen können. Doch wie kann man als Hundehalter die Bedürfnisse seines Hundes befriedigen, ohne seine eigenen zu vernachlässigen? Schließlich schafft man sich ja einen Hund an, um das Leben aufzuwerten, nicht, um es zu erschweren. Was kann man tun, damit alle zu ihrem Recht kommen und gemeinsam glücklich sind?

Zuhauf erlebe ich die Ratlosigkeit und Frustration der Hundehalter auf den Hundewiesen und Parkanlagen, wenn es dann doch nicht so läuft, wie sie es sich gewünscht haben. Man meint es gut, und dennoch gelingt es nicht. Was tun, wenn der eigene Hund einen Streit mit Artgenossen angefangen hat, so an der Leine zieht, dass er sich dabei fast selbst stranguliert, oder wegläuft und jeden Rückruf ignoriert?

In den eigenen vier Wänden kann es genauso schnell ungemütlich werden, etwa wenn Besuch vor der Tür steht und der Hund sich unangemessen verhält. Wenn man ein Kind erwartet, aber unsicher ist, wie der Hund darauf reagieren wird. Dann gibt es so viele Fragen – und noch viel mehr Meinungen …

Natürlich ist es wichtig, dem Verhalten auf die Spur zu kommen. Aber eines vergessen wir hierbei leicht: Dass der Hund sich auch auf uns einstellen muss. Einen glücklichen Hund bekommt man nur dann, wenn man ihn auch versteht. So kann man seine Bedürfnisse befriedigen, ohne die eigenen zu vernachlässigen. Im heutigen »Informationsdschungel« ist es jedoch äußerst schwierig, den richtigen Weg für sich zu finden. Und so mancher fragt sich, wie es eine Mutterhündin nur schafft, ihren Nachwuchs großzuziehen – ohne Google, Fachbücher oder Hundeschulen? Während wir Menschen schon häufig beim ersten Rückruf verzweifeln.

Die Lösung ist ganz einfach: Sie lautet Kommunikation! Deshalb hat die Hündin es einfacher als wir Menschen, ihre Jungen zu erziehen. Schließlich sprechen sie dieselbe Sprache. Wir dagegen müssen erst lernen, die Sprache unserer Hunde zu verstehen und ihnen – im Umkehrschluss – unsere Welt und unsere Kultur ins »Hündische« zu übersetzen. Tun wir das nicht gewissenhaft genug, können sich rasch einige Probleme entwickeln. Eines nämlich ist ununstößlich: Fast jedes Problem lässt sich auf ein kommunikatives Missverständnis zurückführen.

Genau hier beginnt meine Arbeit: Ich betreue deutschlandweit Hundehalter, die die Beziehung zu ihrem Vierbeiner verbessern wollen. Ich unterrichte sie darin, das natürliche Verhalten ihrer Hunde zu verstehen und sich darauf einzustellen. Aber auch darin, ihre eigenen Handlungen infrage zu stellen. Der Hund »erzählt« mir dabei ebenfalls seine Sicht der Geschichte. Meine Aufgabe besteht also letztendlich darin, zwischen Mensch und Hund zu vermitteln.

Mein Mädchen, noch ganz jung! Mittlerweile sind wir ein perfekt eingespieltes Team.

MEINE PHILOSOPHIE

Der Hund ist seit jeher der ständige Begleiter des Menschen, und vermutlich ist daher der Wunsch nach einem eigenen Hund so tief in vielen von uns verwurzelt. Er soll freundlich und verspielt sein, soll uns respektieren und gut hören, groß oder klein sein … Wir haben viele Erwartungen an den »besten Freund des Menschen«. Aber was erwartet der Hund eigentlich von uns? Wir haben eine genaue Vorstellung, was einen guten Hund ausmacht. Aber was genau macht einen guten Menschen aus? Zumindest für unsere Vierbeiner.

Ich bin, wie Sie wahrscheinlich auch, ein Hundemensch durch und durch. Um meine Verbundenheit zu den Hunden mit Ihnen zu teilen, habe ich dieses Buch geschrieben. Denn eine von vielen wichtigen Lektionen im Laufe meiner Arbeit mit Hunden ist: Ich kann nichts von meinem Hund verlangen, solange ich es selbst nicht leisten kann. Ich kann nicht von meinem Hund erwarten, dass er sich draußen entspannt verhält, solange ich selbst im Angesicht eines anderen Hundes in Panik verfalle. Und ich kann nicht wirklich den Rückruf verlangen, wenn ich ihn dem Hund nicht beigebracht habe.

Sollte mein Hund an der Leine pöbeln, bin ich sicher kein Vorbild als Krisenmanager, wenn ich mich ebenfalls aggressiv verhalte, an der Leine rucke oder mich mit anderen Hundebesitzern anlege. Und schlägt mein Herz jedes Mal hoch, wenn es an der Tür klingelt, wäre es unfair, mich über das unsichere Gebell meines Tieres aufzuregen.

Unsere Vierbeiner machen so einiges mit uns durch. Dabei ließe sich vieles leichter erleben, wenn wir zunächst unser Verhalten reflektieren würden. Der beste Freund des Menschen braucht ebenfalls einen besten Freund, und wie jede Beziehung muss auch diese gepflegt werden.

>> *Der Mensch beeinflusst maßgeblich das Verhalten des Hundes, indem er sich selbst entwickelt.* <<

Es ist schon eine ganze Weile her, aber als mein Mädchen zu mir kam, erwies sie sich als recht widerspenstig. Sie war äußerst aggressiv und konnte ihre Emotionen gegenüber Artgenossen nicht kontrollieren. Ich verzweifelte ein ums andere Mal an ihrem unbändigen Verhalten. Während der langen Arbeit mit ihr lernte ich viel über mich selbst. Vor allem aber bemerkte ich, dass mein Verhalten maßgeblich ihr Verhalten beeinflusste. Somit musste ich mich immer wieder an meine eigenen Leitsätze erinnern.

Mädchen war eine strenge Lehrerin und ließ mich für jede meiner Unsicherheiten zahlen. So erteilte sie mir eine wichtige Lektion, die ich nie vergessen werde: Jede Veränderung beginnt in dir selbst. Ich war gezwungen, mich besser zu reflektieren, um bewusster zu kommunizieren. Nur so konnte ich aus meinen Fehlern lernen. Und erst ab dann war Mädchen bereit, mir zu vertrauen.

Heute ist Mädchen meine treue Gefährtin und hilft mir so gut wie jeden Tag, anderen Hunden zu helfen. Die Erkenntnisse aus der Arbeit mit ihr ziehen sich wie ein roter Faden durch meine Arbeit mit allen Hunden und helfen mir immer wieder, wenn einer meiner »Patienten« mal besonders große Probleme hat. Ohne Mädchen wäre ich nicht da, wo ich heute bin. Danke!

KOMMUNIKATION VERBINDET

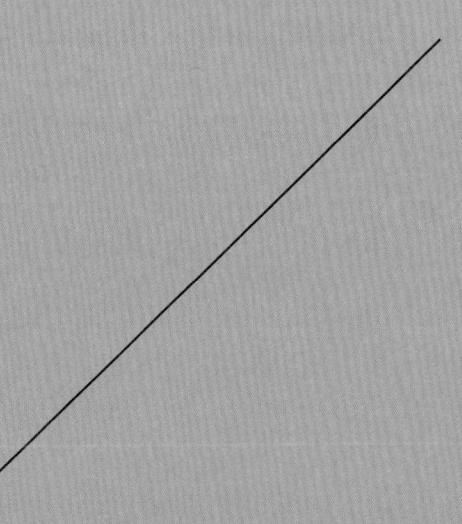

WENN SIE RESPEKTVOLL MITEINANDER UMGEHEN, SIND MENSCHEN UND HUNDE EIN STARKES TEAM. DOCH DAZU MÜSSEN SIE ZUERST EINMAL VERSTEHEN, WAS SIE EIGENTLICH VONEINANDER WOLLEN.

KOMMUNIKATION IST DIE BASIS JEDER GUTEN BEZIEHUNG

Kommunikation ist nicht nur unter Menschen die Grundlage jeder Beziehung und ganz entscheidend für deren Qualität. Es ist dabei überhaupt nicht notwendig, für das Übertragen von Informationen ein akustisches Signal zu verwenden. Insofern stimmt es auch nicht, wenn wir sagen: »Es kann nur dem geholfen werden, der spricht.«

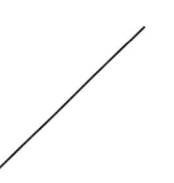

Es gibt sehr viel mehr Möglichkeiten, um sich mitzuteilen, als die Sprache. Wenn man beispielsweise in einem fremden Land nach dem Weg fragt, der Landessprache jedoch nicht mächtig ist, wird man wenn nötig Hände und Füße einsetzen, damit das Gegenüber einen versteht. Die Informationen müssen nur verstanden werden, ganz gleich, welches Instrument man dafür verwendet.

Wir Menschen haben gelernt zu improvisieren, wenn die Not es erfordert. Genauso haben wir gelernt zu fühlen, wenn wir zunächst nicht verstehen. Die Stimme dient schließlich lediglich dem Transport des Gefühls. Ebenso wie Mimik und Gestik hilft sie, Gefühle nach außen zu bewegen und das Gegenüber zu erreichen. Es ist dabei nicht von Bedeutung, ob wir und unser Gegenüber dieselbe Sprache sprechen. Das Gefühl der Freundlichkeit oder auch der Feindseligkeit versteht jeder. Nichtsdestotrotz kommt es zwischen zwei Menschen immer wieder zu Missverständnissen und Kommunikationsschwierigkeiten. Wie schwierig wird es dann erst, wenn wir die Spezies wechseln und mit einer anderen Art kommunizieren? Wenn es schon zwischen Mensch und Mensch nicht leicht ist, ist es gewiss nicht einfacher zwischen Mensch und Hund.

FÜNF GRUNDREGELN DER KOMMUNIKATION

Der Kommunikationswissenschaftler und Psychotherapeut Paul Watzlawick befasste sich sein Leben lang intensiv damit, die Kommunikationsprozesse zwischen Menschen zu analysieren und zu verbessern. Eine seiner wichtigsten Errungenschaften sind die fünf Grundregeln der Kommunikation. Watzlawick beschäftigte sich unter anderem mit der Frage, warum Menschen eigentlich in Streit geraten. Dasselbe könnte man sich bezüglich unserer Hunde fragen. Warum haben wir Probleme im Umgang mit ihnen?

Die wichtigste Regel von Paul Watzlawick lautet: »Man kann nicht nicht kommunizieren, denn jede Kommunikation (nicht nur mit Worten) ist Verhalten, und genauso wie man sich nicht nicht verhalten kann, kann man nicht nicht kommunizieren.« Stellen Sie sich nur einmal vor, Sie hätten einen Termin und würden am Bahnhof auf einen Zug warten, der mit Verspätung angekündigt wurde. Vermutlich würden Sie ungeduldig auf und ab gehen und im Sekundentakt auf die Uhr schauen – und je länger Sie warten müssen, desto unangenehmer würde das Gefühl. Und: Sie müssten nicht sprechen, um dieses Unwohlsein nach außen zu tragen. Man würde sie sehr wohl auch ohne Worte verstehen. Genauso wenig muss ein Hund sprechen, wenn er ungeduldig vor seinem Napf wartet, während er Sie hypnotisierend anschaut und mehr oder weniger mitleiderregend fiept. Oder wenn er ungeduldig um Sie herumläuft, während Sie sich die Schuhe zubinden, weil er endlich nach draußen will. Für Zwei- und Vierbeiner gilt eben gleichermaßen: Wir alle können nicht nicht kommunizieren.

Watzlawicks zweite Regel: »Jede Kommunikation enthält einen Inhalts- und einen Beziehungsaspekt, wobei Letzterer den ersten beeinflusst.« Unter dem Inhaltsaspekt versteht man das, was inhaltlich mitgeteilt wird. Der Beziehungsaspekt ist nicht weniger kommunikationsrelevant: Gestik, Mimik oder Tonfall können den Inhaltsaspekt derart ändern, dass er sich völlig unterschiedlich vermitteln lässt.

Mal angenommen, man ruft Sie bei Ihrem Namen: Klingt die Stimme dabei freudig oder überrascht, erwartet (und erwarten) Sie etwas völlig anderes, als wenn sie genervt klingt. Genauso bekommt zum Beispiel der Rückruf einen faden Beigeschmack, wenn Sie den Namen Ihres Hundes laut und mahnend rufen. Ich bezweifle daher sehr, dass ein strenger Ruf zu mehr Gehorsam führt. Dennoch kommunizieren wir häufig zweideutig und nehmen unserem eigentlichen Grundgedanken damit die Aussagekraft. Schade!

Die dritte Regel des großen Paul Watzlawick besagt: »Die Natur einer Beziehung ist durch die Interpunktion der Kommunikationsabläufe seitens der Partner bedingt.« Das bedeutet nicht anderes, als dass

Wenn ein Hund so gut ohne Leine laufen soll wie Mädchen, muss man ihm zuvor genug Zeit zum Üben zugestehen.

Ich vertraue meinen Hunden blind.
Deshalb muss ich auch nicht immer
hinter ihnen laufen und alles im
Blick behalten. Aber Vertrauen
beruht auch auf Gegenseitigkeit.

Kommunikation immer Ursache und Wirkung hat. Sie ist ein Wechselspiel aus Aktion und Reaktion. Beide Gesprächspartner reagieren ständig aufeinander, sodass die Kommunikation letztendlich kreisförmig verläuft. So wie bei einem Schüler, der schlechte Noten hat und zu Hause dafür bestraft wird – wodurch sich, aus Angst vor der Strafe und dem damit einhergehenden Druck, seine Noten weiter verschlechtern. Diesen Teufelskreis erlebe ich ständig bei meinen Klienten. Viele von ihnen haben zum Beispiel ein Problem mit dem Rückruf und lassen ihre Hunde deshalb selten frei laufen. Darf der Hund dann doch mal von der Leine, wird er richtig Gas geben und sich wenig erfreut zeigen, wenn sein Mensch ihn irgendwann wieder anleinen möchte. Was diesen wiederum darin bestätigt, ihn noch seltener abzuleinen. Ergebnis: Mensch und Hund sind gleichermaßen frustriert. Um den Konflikt zu lösen, muss einer den negativen Kreislauf durchbrechen. Und das ist bestenfalls der Mensch, oder?

Die nächste watzlawicksche Regel lautet: »Menschliche Kommunikation bedient sich digitaler und analoger Modalitäten« – was bedeutet, dass wir sowohl ohne Interpretationsspielraum verbal (digital) als auch mit Interpretationsspielraum und nonverbal (analog) miteinander kommunizieren können.

Die digitale Kommunikation ist im Grunde unmissverständlich. Nein heißt nun mal Nein. Was aber, wenn digital und analog nicht übereinstimmen. Wenn Ihr Gegenüber beispielsweise Nein sagt, dabei jedoch nickt. Dann wird Sie das verunsichern. Oder was würden Sie denken, wenn ein Freund lauthals Ihre Kochkünste rühmt, dabei aber die Nase rümpft?

Ich trainierte vor vielen Jahren einen Mann, der seinen Hund immer ziemlich genervt lobte, selbst dann, wenn es einen guten Grund fürs Loben gab. Dass das Lob für den Hund wenig Wert hatte, brauche ich Ihnen vermutlich nicht zu erzählen. Als ich ihn darauf hinwies, musste der Mann schmunzeln, und plötzlich freute sich auch sein Hund.

Auch Hunde kommunizieren sowohl digital als auch analog. Ein Hund, der das Gesicht seines Frauchens leckt, zeigt damit nicht automatisch seine bedingungslose Liebe. Er kann damit durchaus auch mal »sagen«, dass es nun genug Nähe ist und er sich etwas Abstand wünscht. Doch um das zu »hören«, muss man auf alle anderen Zeichen achten.

Die fünfte Regel des Paul Watzlawick schließlich lautet: »Zwischenmenschliche Kommunikationsabläufe sind entweder symmetrisch oder komplementär.« Bei der symmetrischen Kommunikation befinden sich die Kommunikatoren auf Augenhöhe. Sie ist geprägt durch die Gleichheit der Parteien, so wie zum Beispiel in einer gleichberechtigten Partnerschaft. Dagegen ist die komplementäre Kommunikation von Hierarchien bestimmt, so wie zwischen Lehrer und Schüler. Wobei sich das Verhältnis je nach Situation ändern kann: Die Chefin meines Fahrlehrers war auch schon meine Klientin.

Mit meinen Hunden verschiebt sich das Verhältnis ebenfalls passend zu Situation und Lage. Bin ich mit ihnen draußen, trage ich die Verantwortung für sie und die Gesellschaft, in der wir uns bewegen. Deshalb entscheide ich viel und teile diese Entscheidungen meinen Hunden verständlich mit. Sind wir zu Hause angekommen und entspannen nach getaner Arbeit, können wir auch gleichberechtigt rumalbern oder abhängen. Sie merken schon, dass Menschen und Hunde mehr gemeinsam haben, als man gemeinhin denkt.

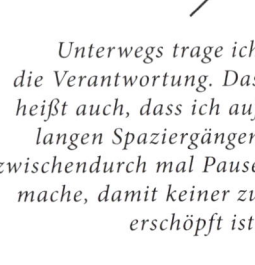

Unterwegs trage ich die Verantwortung. Das heißt auch, dass ich auf langen Spaziergängen zwischendurch mal Pause mache, damit keiner zu erschöpft ist.

KOMMUNIKATION IST DER SCHLÜSSEL ZU EINER GUTEN BEZIEHUNG

Ein Augenaufschlag, ein Lächeln, Arme, die sich anderen auffordernd entgegenstrecken: Lange bevor wir sprechen können, lernen wir, uns mit anderen zu unterhalten. Wir lernen, dass auf ein strahlendes Gesicht eine Liebkosung folgt, dass eine Falte auf der Stirn weniger Aufmerksamkeit bedeuten kann und dass Vorsicht geboten ist, wenn der erhobene Zeigefinger zum Einsatz kommt. Und wir lernen, dass es was Leckeres gibt, wenn wir nur laut genug schreien …

Babys, die im Mutterleib auf Stimmungsschwankungen der Mutter mit Unruhe reagieren, oder Zwillinge, die eine eigene Sprache entwickelt haben, um miteinander zu kommunizieren, zeigen uns, wie essenziell es ist, sich mitzuteilen. Sich-Mitteilen und Verstanden-Werden erhöht die Chance auf die eigene Unversehrtheit.

Die Fähigkeit zu kommunizieren ist angeboren und wird im Lauf des Lebens immer weiter ausgebaut. Denn unabhängig davon, in welcher Gesellschaft wir uns bewegen, ist eine klare und unmissverständliche Kommunikation der Schlüssel für ein zufriedenstellendes Zusammenleben. Ob in der Partnerschaft, im Kreise der Kollegen oder beim Mannschaftssport: Gute Absprache ist unabdingbar. Und wie kann man erfolgreich ein Mensch-Hund-Team führen, wenn man sich nicht verständigen kann? Eben: gar nicht!

Unklare Botschaften durch widersprüchliche Handlungen

Kommunikation beginnt mit dem Moment der Geburt und endet erst dann, wenn unser Leben endet. Es ist uns ganz offensichtlich und wie schon gesagt einfach nicht möglich, nicht zu kommunizieren. Vermittelt doch jede Geste, jeder Gesichtsausdruck, jedes gesprochene, aber auch jedes verschwiegene Wort, was wir denken, was uns bewegt, oder auch, was uns nicht interessiert.

Kommunikation ist demnach keine Frage des Willens. Wir kommunizieren und treten damit in Beziehung: zu Menschen, die uns nahe stehen, ebenso wie zu allen anderen Lebewesen um uns herum. Im Laufe unseres Lebens und mit der Zunahme an Erfahrung lernen wir dabei, unsere Gefühle zu verschleiern. Ob wir in Gesellschaft weinen oder lachen, ob wir unsere Freude oder unser Unglück nach außen hin zeigen: Starke Emotionen sind in manchen Kulturkreisen unerwünscht. »Männer weinen nicht.« »Frauen dürfen nicht in der Öffentlichkeit lachen.« Aus Rücksicht auf solche moralischen »Werte« (woher auch immer sie stammen mögen) unterdrücken wir nicht selten Gefühle, die doch eigentlich eindeutig frei sein möchten. Bei Kindern sieht das

»Kommunikation ist an sich kinderleicht.
Trotzdem (oder auch gerade deswegen) fällt sie vielen
Menschen umso schwerer, je älter sie werden.«

noch anders aus. Sie können (und dürfen) noch ungebremst leben und äußern, was sie fühlen – ohne die gesellschaftlichen Tugenden und moralischen Werte der Erwachsenen. Daher sind Kinder Experten der reinen, unverfälschten Kommunikation.

Entsprechend fällt Kindern das Kommunizieren besonders leicht. So wie sie sich selbst ganz natürlich und unverfälscht verhalten, reagieren sie auch auf ihre Mitmenschen: Wenn sie wütend sind, schreien sie »Nein!«, und wenn sie sich freuen, jemanden zu sehen, hört man ihr Juchzen schon von Weitem. Mit anderen Worten: Ihre Gedanken und Gefühle passen zu ihren Handlungen. Das macht ihre Botschaft klar und nachvollziehbar.

Mit jedem Jahr und jeder Erfahrung, die wir im Laufe unseres Lebens machen, wird unsere Kommunikation jedoch komplexer. Wir bekommen schnell mit, was Scham bedeutet, was man lieber offen aussprechen sollte und was nicht. Wir stellen uns darauf ein, Konflikte zu vermeiden – wenn nötig, durch eine Lüge. Oft verschleiern wir unsere wahren Gefühle, sei es aus Rücksichtnahme oder weil es uns unangenehm ist, unsere Gefühle so zu zeigen, wie sie sind. Ein Blick auf das eigene Verhalten macht es deutlich: wir tun oft nicht, was wir sagen, und denken anders, als wir handeln. Wenn man uns fragt, wie es uns geht, werden wir unserem Gegenüber sicher nicht jederzeit die Wahrheit sagen. Allerdings habe ich auch die Erfahrung gemacht, dass mein Gegenüber die widersprüchlichen Botschaften fast immer bemerkt und das Ganze eher zu Verunsicherung führt. Im schlechtesten Fall versteht man uns ganz falsch. Sätze wie »Wir verstehen uns nicht mehr« oder »Ich habe bei ihm ein komisches Gefühl« kennt jeder. Sie tauchen auf, wenn die Kommunikation verfälscht, wenn das Gesprochene und das Gefühlte nicht übereinstimmen.

Hunde sind echte Kommunikationsexperten

Hunde sind diesbezüglich sehr sensibel, viel mehr als wir Menschen selbst. Sie verstehen nicht, was wir sagen, wenn wir es nicht auch genauso meinen. Sie lesen sehr bewusst zwischen den Zeilen und erahnen undeutliche Signale. Was aber das Wichtigste ist: Unsere widersprüchlichen Zeichen lassen uns auf sie unfähig wirken. Unfähig uns mitzuteilen, unfähig, Entscheidungen bewusst zu treffen.

Dass wir uns falsch verstehen, kann aber auch noch ganz andere Gründe haben, denn Kommunikation hat in jeder Kultur ihre eigenen Feinheiten und ungeschriebenen Gesetze. Persönlich musste ich diese Erfahrung zum ersten Mal mit fünf Jahren machen – und auch in den folgenden Kinder- und Jugendjahren war mein Leben geprägt von der Verständigung mit Fremden, von anderen Sitten und Gebräuchen. Meine Eltern zogen in dieser Zeit mit mir von Afghanistan erst nach Pakistan, von dort dann nach Moskau und schließlich in die Stadt, in der ich mich seit nun 24 Jahren zu Hause fühle: Köln.

Ich kann mich noch gut erinnern, dass in Afghanistan Besucher zuerst meinen Vater begrüßten und dann meine Mutter. Dass sich die Frauen unterhielten, während sie sich um die Kinder und das Essen kümmerten, wohingegen die Männer über die Arbeit sprachen und Tee tranken. Ich erinnere mich auch, wie aufgelöst meine Eltern waren, als man ihnen in Russland zum ersten Mal den erhobenen Daumen entgegenstreckte. Das war für sie wohl eine vulgäre Geste. Die Varietät ist eben vielfältig. Gesten können Zustimmung oder Ablehnung vermitteln, sie können ein Gruß sein oder einer politischen beziehungsweise religiösen Haltung Ausdruck verleihen. Oder einer sozialen Zugehörigkeit … Kommunikation ist Überleben. Es geht darum, in einer bestehenden Gemeinschaft akzeptiert zu werden. Es geht darum, verstanden zu werden und zu verstehen. Es geht um Integration. Und das gilt nicht nur für verschiedene Kulturen, sondern auch für verschiedene Spezies wie Mensch und Hund.

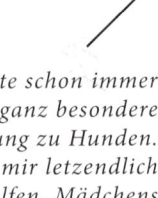

*Ich hatte schon immer
eine ganz besondere
Beziehung zu Hunden.
Das hat mir letzendlich
auch geholfen, Mädchens
Herz zu erobern.*

EINE BESONDERE VERBINDUNG – VON ANFANG AN

Bei den vielen und oft neuen Kontakten, die ich im Lauf meines Lebens hatte, gab und gibt es eine Beziehung, die mich von klein auf besonders berührte und beschäftigte: die zu Hunden. Schon als kleiner Junge in Afghanistan hatte ich einen besonderen Kontakt zu den Straßenhunden dort, und später in Deutschland war ich – zu der Zeit noch ohne eigenen Hund – bei unseren Nachbarn bald als der Hundejunge bekannt, was mir meinen ersten Job, als Dogwalker einbrachte.

Ich musste mich in meiner Kindheit immer wieder bemühen, verschiedene Sprachen zu lernen. Ich werde zum Beispiel nie vergessen, wie irritiert ich war, als ich von der Doppeldeutigkeit des Begriffs Eselsohr erfuhr. Als wir 1994 nach Deutschland zogen, bekam mein Vater nach wenigen Wochen mit, wie ich mich mit gleichaltrigen Nachbarskindern unterhielt. Er war irritiert, was genau ich da eigentlich sprach. Er hörte, dass es wenig mit der deutschen Sprache zu tun hatte. Wie auch, ich sprach, in welcher Form auch immer, Jugoslawisch mit ihnen. Allein auf mich gestellt lernte ich schnell bestimmte Begriffe – und das reichte aus, um mich im Spiel den anderen Kindern mitzuteilen. Mein Vater jedoch war sehr bemüht, dies zu unterbinden. Er wollte natürlich, dass ich schnell Deutsch spreche. So begann ich, in Deutschkursen und mit der Hilfe anderer deutschsprachiger Kinder, diese facettenreiche Sprache zu verstehen und zu benutzen. Gar nicht so einfach! Es war wesentlich leichter für mich, mit den Hunden zu kommunizieren. Ich fühlte einfach, um zu verstehen.

Dem Geheimnis auf der Spur

Die Hundehalter, die nicht selten das ein oder andere Problem mit ihren Vierbeinern hatten, waren erstaunt über mein entspanntes Verhältnis zu den Tieren, und ich wurde immer wieder gefragt, was denn mein Geheimnis im Umgang mit ihnen sei.

Dass ich in der Gegenwart von Hunden besonders viel Freude hatte, war mir selbst auch schon aufgefallen. Genauso, dass die Hunde in meiner Gegenwart ebenfalls sehr entspannt waren. Als Hüter eines grandiosen Geheimnisses sah ich mich deswegen allerdings nicht. Hatte ich doch einfach nur gefühlt, wie es ihnen geht, wie sie sich verhalten. Und darauf reagiert. So, wie ich von klein auf gelernt habe, bei den Menschen, deren Sprache ich nicht verstand, genau hinzuschauen und auf mein Gefühl zu hören: Wie verhalten sie sich? Was zeigt ihre Gestik? Was ihre Mimik? Passt das zu dem, was ich fühle?

Ich trat also in Kommunikation. Mit Menschen ebenso wie mit Hunden. Dabei erschien mir die Kommunikation mit Letzteren lange Zeit sehr viel einfacher, beherrschten sie doch im Gegensatz zu den Menschen offenbar eine allgemeingültige Sprache. Dagegen musste ich mich in jedem neuen Land erst zurechtfinden. Nicht nur die Sprache war eine andere, es regelten auch verschiedene Verhaltenscodes das Miteinander. Für mich bedeutete das, immer wieder aufs Neue zu beobachten, zu lernen und auszuprobieren. Da hatte ich es bei den Hunden einfacher. Ob in Afghanistan, Pakistan, Russland oder Deutschland: Hunde kommunizieren überall auf die gleiche Art und Weise. Und so fand ich überall dort, wo ich hinkam, in den Hunden immer gleich Vertraute und damit ein Stück Sicherheit und Verbundenheit. Im Gegensatz zur Sprache der Menschen ist die der Hunde international.

HÖFLICHKEIT – DER SCHLÜSSEL ZUM ERFOLG

Auch wenn ich eine fremde Sprache als Kind nicht gleich verstand, erkannte ich doch immer wieder Verhaltensweisen, die überall auf der Welt dieselbe Bedeutung haben. Ich lernte schnell, dass man mit einem Lächeln und einer offenen Art überall herzlich willkommen ist. Der Gedanke, dass auch ein Blinder, der nie ein Lächeln gesehen hatte, seine Freude mit einem Lächeln ausdrückt, begeisterte mich. Und zeigte mir, dass Kommunikation angeboren ist.

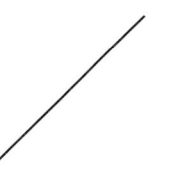

Ich denke, dass kaum etwas für das Gelingen der Kommunikation so essenziell ist wie die Höflichkeit. Sie ist ein Verhalten, geprägt von der Rücksichtnahme gegenüber anderen. In ihr steckt der Begriff »Hof«, also das, was einst am Königshof üblich war, die höfischen Sitten. Daraus wurde dann »höflich«.

Im Grunde ist Höflichkeit nichts anderes als ein Ausdruck von Respekt. Oder wie es der große Philosoph Arthur Schopenhauer formulierte: »ein sprachliches oder nichtsprachliches Verhalten, das zum normalen Umgang der Menschen miteinander gehört und den Zweck hat, die Vorzüge eines anderen Menschen indirekt zur Erscheinung zu bringen oder ihn zu schonen, wenn er vielleicht nicht vorzüglich sein will.«

Heute weiß ich einmal mehr die Bedeutung der Höflichkeit als globalem Kommunikationsmittel zu schätzen, zeigt sie doch, dass die meisten Menschen auf der Welt einander wohlgesinnt sind.

Auch Hunde zollen ihren Artgenossen Respekt, indem sie sich ihnen gegenüber höflich verhalten. Sie können das sehr gut auf der Hundewiese beobachten, auf der die Tiere ihre eigenen Laufwege bestimmen: So läuft ein Hund zum Beispiel meistens nicht geradewegs auf einen fremden Artgenossen zu, sondern nähert sich ihm in einem großen Bogen, wendet den Kopf, senkt den Kopf oder wird langsamer. Dadurch gibt er ihm zu verstehen, dass er nur mit den besten Absichten unterwegs ist.

Natürlich gibt es auch unhöfliche Kandidaten unter den Hunden, die mit ihrem stürmischen Verhalten persönliche Grenzen missachten und damit für Unbehagen sorgen können. Solche, die die feine »Hunde-

»Menschen und Hunde sprechen im Grunde dieselbe Sprache. Wir müssen uns nur darauf besinnen, wieder mehr unserer Natur zu folgen.«

sprache« (noch) nicht beherrschen und von Artgenossen daher schnell korrigiert werden müssen. Hunde, die die Individualdistanz ihrer Artgenossen missachten und dadurch schnell Konflikte provozieren. Dass zu viel Nähe beim Gegenüber Unbehagen auslöst, wissen wir selbst nur zu gut. Gibt es das doch auch unter uns Zeitgenossen, die zu forsch an andere herantreten oder deren Individualdistanz missachten.

Genau hier beginnt die spannende Erkenntnis, dass unsere Kommunikation und die der Hunde auf denselben – ungeschriebenen – Gesetzen beruht. Mensch und Hund sprechen dieselbe Sprache, im Grunde genommen sind wir in erster Linie ja auch nur Tiere und ursprünglich betrachtet befriedigen wir dieselben lebenswichtigen Bedürfnisse wie unsere Hunde. Folgt man Charles Darwin, so ist der Unterschied zwischen Tier und Mensch nur graduell, nicht grundsätzlich. Und das bedeutet, dass Menschen und Hunde einander im Grunde gut verstehen könnten. Wir müssen dazu nur genau hinsehen und den ungeschriebenen Gesetzen, unserer Natur, folgen.

Hunde und Menschen haben vieles gemeinsam. Eine Sache jedoch finde ich besonders faszinierend: Sowohl Zwei- als auch Vierbeiner tauschen Höflichkeiten aus, sobald sie auf Artgenossen treffen. Genauso ähnlich ist übrigens auch ihr Verhalten, wenn ihnen die Haltung ihres Gegenübers weniger gefällt.

Mal angenommen, Sie stehen in einer rappelvollen U-Bahn. Es ist eng, und jedes Mal, wenn die Bahn anfährt und stehen bleibt, werden die Insassen gegeneinandergedrückt. Blöd, wenn jemand mit einem klobigen Rucksack neben Ihnen steht und Sie ungewollt ständig einen Schlag abbekommen. Weil der Träger kein Gefühl im Rucksack hat, sollten Sie es ihm nicht übel nehmen und ihn freundlich auf das Problem ansprechen: »Verzeihung, könnten Sie bitte den Rucksack absetzen? Sie treffen mich damit.« Natürlich können Sie den anderen auch einfach zurückschubsen und es ihm so »heimzahlen«. Nur wird das weniger zu einem guten Tag beitragen.

Das nenne ich mal höflich: Hier wird keiner überrumpelt, sondern beide nehmen respektvoll Kontakt auf.

Menschen sind in der Regel darauf aus, Konflikte unbeschadet zu lösen. Und können wir sie nicht lösen, meiden wir sie tunlichst. Hunde sind ähnlich motiviert. Schauen Sie sich doch nur mal auf einer Hundeausstellung um. Die Vierbeiner werden dort vor ihrem großen Auftritt nochmals hergerichtet. Jeder ist mit sich selbst beschäftigt. Ich habe oft erlebt, dass Hunde, die sich, weshalb auch immer, im Alltag gern lauthals bemerkbar machen, auf solchen Ausstellungen ziemlich unauffällig sind. Schließlich sind auch sie darauf aus, sich selbst nicht zu schaden – erst recht nicht, wenn viele Artgenossen aufeinandertreffen. Sie meiden daher den Blick, senken den Kopf oder schließen die Augen leicht. Nur keine Konfrontation …

Genauso kenne ich einige Hunde, die im Alltag mit ihrem Menschen andere Hunde überhaupt nicht abkönnen, während sie in der Hundetagesstätte oder in der Hundepension keinerlei Probleme mit Artgenossen haben. Hunde wissen also genau, wann sie ihrem Ärger Luft machen können und wann nicht.

NEULICH AUF DER HUNDEWIESE

Ich liebe Hundewiesen. Nicht nur weil Hunde dort frei laufen können. Sie können auch offen »sprechen«. Ich weiß gar nicht, wie viele Stunden ich schon in Parks verbracht habe, um zuzuhören, was die Hunde zu sagen haben.

Vor vielen Jahren, ich hatte damals nur einen einzigen Hund, ging ich regelmäßig auf eine zentral gelegene Hundewiese in Köln. Ich wollte, dass Liselchen alles erleben konnte, was mir für sie spaßig erschien. Und dazu gehörte für mich auch, dass sie viele Hunde kennenlernte. Einen davon werde ich nie vergessen. Sie hieß Mausi und war der Inbegriff eines Platzwartes. Mausi war Dauergast auf dieser Wiese, und auch wenn ihr Name anderes vermuten ließ, tanzten alle nach ihrer Pfeife. Sie war ein Tibet-Terrier und äußerst deutlich, sobald es um ihre Wiese ging. Sie maßregelte jeden Hund, der es wagte, gegen die »Hausordnung« aufzubegehren.

Ich fand es äußerst interessant zu beobachten, wie unterschiedlich die anderen Hunde aufgrund ihrer Charaktere auf Mausi reagierten. Die meisten mieden sie, ein paar legten sich mit ihr an, wieder andere versuchten Mausi zu beschwichtigen, liefen einen Bogen um sie und wendeten den Kopf ab. So wie mein Liselchen.

Irgendwie erinnerte mich Mausi an einen früheren Nachbarn. Er wohnte ganz oben im Haus, fünfter Stock. Aber wenn jemand vor der Einfahrt parkte, war er sofort zur Stelle. Spielten die Kinder lauthals im Hof, war er zur Stelle. Und bellten mal die Hunde, ebenfalls … Er war eigentlich immer sofort zur Stelle, wenn es darum ging, andere an die Ordnung zu erinnern.

Dieser Mann war der selbst ernannte Hausmeister, und vermutlich herrscht er noch heute über das Haus und die Umgebung. Die Nachbarn hatten wenig Lust, sich mit ihm zu streiten, und verhielten sich daher ähnlich wie die Hunde auf der Wiese. Manche mieden ihn, andere besänftigten ihn mit einem Lächeln oder gaben ihm gegen besseres Wissen recht … Ich denke nicht, dass tatsächlich jemand Angst vor dieser Einmann-Nachbarschaftswache hatte. Vielmehr hatten die meisten einfach keine Lust auf eine Diskussion. Weil auch wir Menschen, genau wie unsere Hunde, abwägen, ob sich der Aufwand lohnt. Lohnt es sich zu kämpfen? Meistens nicht!

Im Freilauf können Hunde uneingeschränkt auf ihre eigene Art kommunizieren. Dadurch kann jeder so weit Kontakt aufnehmen, wie er will – und auch bei Größenunterschieden wie diesem läuft alles problemlos.

Außerdem sind Hunde sehr soziale Tiere. Die meisten Raufereien sind harmlos, und sehr selten kommt es zu so echten Beschädigungskämpfen. In den meisten Fällen handelt es sich bei körperlichen Auseinandersetzungen um sogenannte Kommentkämpfe. Bei diesen ritualisierten Kämpfen signalisiert der Unterlegene seine Position deutlich und löst dadurch beim Überlegenen eine Aggressionshemmung aus. Kommentkämpfe dienen also weniger dazu, das Gegenüber zu verletzen, sondern vielmehr die eigene Überlegenheit zu verdeutlichen. Sie werden von vielen Tierarten praktiziert. So habe ich zum Beispiel gelesen, dass Giftschlangen während eines Kommentkampfs nicht ihre tödlichen Zähne einsetzen, sondern den Gegner zu Boden ringen und festdrücken. Genauso aber konnte ich, als ich während meines Studiums nebenher im Nachtleben arbeitete, Kommentkämpfen zwischen halbstarken Betrunkenen beiwohnen …

MIT HÖFLICHKEIT KOMMT MAN WEITER

In weit mehr als 1000 Einsätzen als Hundeverhaltenstherapeut habe ich in den letzten Jahren immer wieder festgestellt, dass es unzählige Meinungen gibt, wenn es um die »richtige« Erziehung von Hunden geht. In meinem Freundeskreis gibt es übrigens einige junge Eltern, die Ähnliches berichten, wenn es um pädagogische Ansätze in der Erziehung von Kindern geht. Hundemenschen lesen heute zahlreiche Ratgeber, buchen Trainingseinheiten, besuchen Welpenschulen und belegen Kurse, um zu lernen, wie ihr Hund am besten apportiert und Platz macht. Gerne werden gleich mehrere Trainer hinzugezogen, um bloß alles richtig zu machen. Dabei wird schnell vergessen, dass jeder Hund ein Individuum ist, das in einer direkten Abhängigkeit zu seinem Menschen steht und dass man mit alldem das natürliche Verhalten gegenüber dem Hund aus den Händen gibt. Wir machen es uns leicht, indem wir am Hund arbeiten und nicht an uns. Natürlich ist das wichtig, Hunden eine Aufgabe zu geben und sie auf ihr »Erwachsensein« vorzubereiten. Sie müssen bei alldem aber Hund bleiben dürfen.

Manche Hundehalter machen sich auch zu wenig Gedanken über das Leben mit dem Vierbeiner – weder über die Rasse noch das Wesen des Hundes im Allgemeinen. Die Frage, ob der Hund zu einem passt und ob man mit dem Lebensstil, den man führt, die Bedürfnisse eines Hundes befriedigen kann, wird ebenfalls oft (zu) spät gestellt. Wenn der Hund dann wie aus dem Nichts ein unerwünschtes Verhalten zeigt, wenn er nicht so will, wie er soll, und das Zusammenleben eine Belastung ist und keine Freude macht, werde ich dazugerufen.

Natürlich ist es frustrierend, wenn der Hund trotz der Mühe und der Liebe eine andere Entscheidung trifft. Dennoch darf man nicht vergessen, dass es auch für den Hund frustrierend ist. Der Hund muss in unserer Welt zurechtkommen, sich zwangsläufig unserem Lebensstil anpassen und dabei auch noch gut funktionieren. Das ist für keinen einfach. Umso mehr freue ich mich, die Überraschung in den Gesichtern der Menschen zu sehen, wenn sie sehen, wie unkompliziert ihre vermeintlich »schwierigen« Hunde sein können. Noch erstaunter sind

»Man sollte sein Gegenüber stets so behandeln, wie man es sich für sich selbst wünschen würde. Nur so lässt sich eine Veränderung erreichen.«

die meisten, dass es kein Trick ist, sondern dass ich mich den Vierbeinern einfach »nur« höflich nähere, ihnen ihren Raum gebe und auf ihr Verhalten reagiere. Ich achte auf die Bedürfnisse der Hunde und hole sie dort ab, wo sie stehen. Ich zeige Verständnis für ihr Verhalten – ganz so, wie ich es mir bei mir wünschen würde, wenn ich nicht aus mir herauskommen könnte.

Das Erstaunen meiner Klienten zeigt mir immer wieder aufs Neue, dass es offensichtlich nicht natürlich ist, sich im Umgang mit Hunden auf die Natur der Kommunikation zu verlassen. Darum ist es mir ein großes Anliegen, mit diesem Buch genau das bewusst zu machen. Ich möchte Sie davon überzeugen, dass Sie sich sehr wohl auf die Grundlagen der Kommunikation besinnen können, wenn Sie mit Ihrem Hund »sprechen«. Wenn Sie genau hinschauen, werden Sie bald auch merken, wie viel Ihr Hund mit Ihnen kommuniziert – eigentlich tut er das nämlich fast rund um die Uhr. Aber nur wenn Sie sich darauf einlassen und seine Signale verstehen, fühlt er sich angenommen. Dann kann Vertrauen entstehen, die beste Grundlage für eine wundervolle Beziehung zwischen Mensch und Tier.

DIE GEHEIMEN CODES IHRES HUNDES

HUNDE KOMMUNIZIEREN AUF IHRE GANZ
EIGENE ART. DESWEGEN LOHNT ES SICH,
GENAU HINZUSCHAUEN – UND IHRE FEINEN
SIGNALE VERSTEHEN ZU LERNEN.

ZWEI SPRACHEN, ZWEI KULTUREN

Auch wenn wir es auf den ersten Blick nicht wahrnehmen, äußern Hunde sehr deutlich, was in ihnen vorgeht, wie sie sich fühlen, was sie möchten – und was nicht. Daher führt es zu Problemen und Missverständnissen. Um dem vorzubeugen, sollte man den Hund wissen lassen, dass man ihn versteht. Man merkt dann recht schnell, wie friedlich vieles funktioniert.

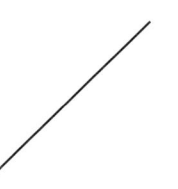

Als ich im Januar 1994 nach Deutschland kam, war mir von Anfang an klar, dass meine Eltern, meine Schwester und ich hierbleiben würden. Anfangs fühlte ich mich fremd, aber ich erinnere mich, dass ich höchst interessiert zuhörte, wenn sich die Leute in der mir noch unbekannten Sprache unterhielten. Ich fragte mich, was sie sich wohl zu erzählen hatten. Manchmal imitierte ich die Einheimischen sogar und tat, als spräche ich fließend Deutsch. Vielleicht kennen Sie das von Kindern, die versuchen englische Songtexte mitzusingen. Ungefähr so sprach ich Deutsch.

In Wahrheit verstand ich oft wenig und musste mir daher einiges herleiten oder habe einfach das gemacht, was andere in dem Moment taten. Wenn wir zum Beispiel im Sportunterricht oder in der Pause

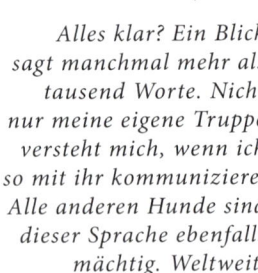

Alles klar? Ein Blick sagt manchmal mehr als tausend Worte. Nicht nur meine eigene Truppe versteht mich, wenn ich so mit ihr kommuniziere. Alle anderen Hunde sind dieser Sprache ebenfalls mächtig. Weltweit.

Völkerball spielten, erfuhr ich die Regeln erst nach und nach während des Spiels. Bis es so weit war, kam es schon mal vor, dass ambitionierte Mitschüler sich über mein vermeintliches Missgeschick ärgerten und ich beim nächsten Mal nicht ins Team gewählt wurde.

Ich nutzte jede Situation, um zu erfragen, was die mir unbekannten Laute zu bedeuten haben. Denn solange ich nicht sagen konnte, was ich fühlte, solange ich nicht verstehen konnte, was ich hörte, so lange war ich fremd. Ich aber wollte teilhaben und mich äußern können.

Wie oft ich doch missverstanden wurde, bis es mir endlich gelang, mich mitzuteilen. Ich erinnere mich, wie ich zum ersten Mal den Begriff »Kapiert?« hörte – da lebte ich schon etwa zwei Jahre in Deutschland. Ich hatte damals wohl irgendetwas gesagt, was bei den Nachbarskindern nicht gut ankam, und deshalb schubste man mich mit den Worten »Mach das nie wieder, hast du kapiert?« rüde in einen Busch. Ich weiß noch genau, dass ich unbedingt wissen wollte, was dieses grässlich klingende Wort zu bedeuten hatte. Und fragte noch aus dem Busch heraus danach. Glücklicherweise bekam der Junge, der mich zuvor geschubst hatte, Mitleid und erklärte mir das Wort. Fortan ließ er mich in Ruhe, denn ich hatte kapiert! Ich kapierte, dass der unabdingbare Weg, an einer Gemeinschaft teilzunehmen und akzeptiert zu werden, verknüpft war mit der Möglichkeit, sich zu äußern. Deutsche Sprache, schwere Sprache.

Natürlich ist es nie einfach, sich eine Fremdsprache anzueignen. Aber auch wenn ich eine mir fremde Sprache lernen musste, war es doch die Sprache meiner eigenen Spezies. Es waren Menschen, die ich anfangs nicht verstand. Um wie viel schwerer ist es da erst, nicht nur die Sprache zu wechseln, sondern auch die Spezies, mit der man kommunizieren möchte? Hundesprache, schwere Sprache.

ES GEHT AUCH OHNE WORTE

Im Vergleich zu uns Menschen kommunizieren Hunde nicht nur über Laute, wenn sie sich bewusst äußern. Hunde sind zusätzlich (und vorrangig) wahre Künstler, wenn es um die kreative Körpersprache geht. Der durchdringende Blick eines Hundes zum Beispiel kann ein »Stopp!« deutlicher machen als jedes Schild in noch so penetrantem Rot. Beneidenswerterweise sprechen Hunde dabei so ungezwungen universell, dass ich mir manchmal wünsche, wir Menschen könnten auch so unverschämt ehrlich sein. Dem Nachbarn, der unser wiederholtes »Nun gut …« einfach nicht als Gesprächsende wahrnehmen mag, einfach zu sagen: »Mensch hör auf zu quatschen, ich habe wirklich keine Lust mehr zuzuhören.« Wäre das nicht so viel einfacher – natürlich immer vorausgesetzt, dass der Nachbar uns das nicht übelnimmt?

Anders als wir haben Hunde auch keine Sprachschwierigkeiten, wenn sie in einem fremden Land sind. Egal wo auf der Welt sie sich befinden: Jeder versteht jeden.

Stellen Sie sich folgendes Bild vor: ein heißer Sommertag auf einer Straße in der Türkei. Die Luft ist trocken, die Sonne brennt stechend auf der Haut … Ein Straßenhund konnte ein Stück Fleisch vom Metzger ergaunern, liegt nun gemütlich in einer schattigen Ecke und kaut genüsslich an seiner Beute. Einige Meter entfernt nähert sich ihm ein anderer Hund, der ganz offensichtlich dem herrlichen Geruch des rohen Fleisches nicht widerstehen kann. Der erfolgreiche Dieb hört ob des unerwünschten Mitstreiters augenblicklich auf zu kauen und fixiert ihn kurz. Sein Blick ist dabei so starr und deutlich, dass man fast das Gefühl bekommt, die Zeit würde für einen Moment stehen bleiben. Der sich ihm nähernde Hund nimmt den drohenden, fest entschlossenen Blick wahr, bleibt stehen, streckt den Hals, hebt die Nase in die Luft und schnuppert. Dabei hebt er fast demütig die Pfote hoch und wendet den Kopf ab. Ganz nach dem Motto: Nur gucken, nicht anfassen. Oder in Hündisch: Nur riechen, nicht nehmen.

Genau das habe ich während eines Imbisses bei einem Türkeiurlaub erlebt – und fühlte mich gut unterhalten. Am Tisch neben mir saß ein Mann mit seinem Kind, der das Ganze mit den Worten kommentierte: »Ich glaube, der eine will auch ein Stück haben, aber traut sich nicht.« Sicher, ganz unrecht hatte er mit dieser Aussage nicht. Aber es war einfach so viel mehr, was sich da kommunikativ zwischen den beiden Hunden abspielte. Sie sprachen miteinander – ohne Ton zwar, aber nicht minder laut und deutlich. Und sie konnten auf diese Weise den Interessenkonflikt lösen und sich friedlich trennen.

Im Sommer 2017 war ich auf Dreharbeiten in Leipzig. Ich trainierte einen ehemaligen Straßenhund für eine Frau, die im Rollstuhl saß. Es war ihr erster eigener Hund, und er sollte ihr im Alltag behilflich sein. Ich besuchte die beiden oft, um sowohl die neue Hundehalterin als auch ihren Hund zu unterrichten. Während der Dreharbeiten besuchten wir einmal die nächstgelegene Hundewiese im Leipziger Zentrum. Eine Gruppe von Hundehaltern wurde auf uns aufmerksam und ergriff die Möglichkeit, um sich in einer Pause mit uns zu unterhalten. Ich weiß aus eigener Erfahrung, dass Hundemenschen untereinander oft regen Kontakt haben, und erhoffte mir, dass »meine« frischgebackene Hundehalterin auch davon profitieren könnte. Wir unterhielten uns also alle auf der Hundefreilauffläche, während die Vierbeiner sich ungezwungen bewegten. Da fiel mir ein Mann auf, der seinem Schäferhund immer wieder einen Ball zuwarf, jedoch Mühe hatte, diesen wiederzubekommen. Er wendete sich schließlich an mich und fragte, was er dagegen tun könne. Immer wenn der Hund den Ball im Maul hätte, würde er sich abwenden und seine »Beute« nicht wieder »freigeben«. Egal wie streng man ihn auch dazu auffordere. Ich fragte den Mann, was er denn bisher getan hätte. Er antwortete, dass man ihm empfohlen hätte, den Hund mit einer Spritzflasche nass zu spritzen und ihm so den Ball abzunehmen. Ist es verwunderlich? Natürlich dreht sich der Hund um, sobald er den Ball hat, und verteidigt ihn mit starrem Körper. Natürlich ignoriert er ein Nein. Denn seine Erfahrung ist: Mir wird eine Ressource erst gegeben und dann mit drohendem Körpereinsatz wieder weggenommen. Den Hund dafür nass zu spritzen bestätigt seine Erwartung.

Was war nun zu tun? Ich nahm den Ball an mich, warf ihn ein paarmal in die Luft und fing ihn selbst wieder auf. So machte ich mich interessant. Sobald der Schäferhund seine Beteiligung deutlich machte, integrierte ich ihn ins Spiel und warf ihm den Ball zu. Seine erste Reaktion war, sich wie immer geduckt wegzudrehen und mit dem Rücken zu mir zu liegen. Ich machte nun einen großen Bogen um ihn herum, um mich ihm frontal zu nähern. Er sollte mich sehen, denn ich streckte dabei meine Hand mit einem Leckerli entgegen, um ihm ein Tauschgeschäft zu unterbreiten. Indem er annahm, kam ich friedlich wieder in Besitz des Balles – und sobald er fertig gekaut hatte, gab ich ihm den Ball zurück. Ich wiederholte dies einige Male. Der Hundehalter staunte nicht schlecht, als er sah, wie rasch mir sein Hund bereitwillig den Ball überließ. Dabei war es so einfach und so deutlich, was der Hund wollte und wie man ihm zeigen konnte, was man selbst wollte. Der Mann fragte mich mit etwas schlechtem Gewissen, ob sein Verhalten der noch jungen Beziehung zu seinem Hund geschadet hätte. Ich konnte ihn beruhigen und versicherte ihm, dass Hunde weit weniger nachtragend sind als Menschen. Nur sollte er fortan im Umgang mit seinem Hund fair und emphatisch sein. Das Kleingedruckte in der Körpersprache des Hundes ist so wichtig, dass es eigentlich großgeschrieben sein müsste. Es braucht nicht immer Worte, um sich zu verständigen. Und erst recht keine lauten.

WAS IST EINE RESSOURCE?

Alles, was für Ihren Hund (und was ihm) wichtig ist, ist für ihn eine Ressource. Doch weil jeder Hund anders ist, hat auch jeder andere Vorlieben – und entscheidet daher anders, was er als Ressource betrachtet. Für den einen ist es ein Ball oder ein Kissen, für den anderen ein ganz bestimmter Platz in der Wohnung. Das Futter kann genauso eine Ressource sein wie ein spezielles Leckerli oder der Wassernapf. Manche Hunde erklären selbst bestimmte Personen zu ihrer persönlichen Ressource …

Es ist bis zu einem gewissen Grad normal, dass ein Hund seine Ressourcen verteidigt. Manche wenden sich ab, damit man sie ihnen nicht streitig macht. Andere tragen sie davon oder schnappen sogar zu. Umso wichtiger ist es, dass Ihr Hund lernt, seine Ressource auszugeben.

Interesse wecken: *Indem ich den Ball ein paarmal hochwerfe, signalisiere ich Bereitschaft zum Spiel.*

Los geht's: *Fritz hat verstanden, was jetzt kommt. Ich werfe also den Ball – und er saust hinterher.*

Hab ihn: *Ein gewisser Jagdtrieb ist eben jedem Hund angeboren – mal stärker, mal weniger stark.*

Auf Rückruf *– je nachdem, wie man es geübt hat, auch ohne – bringt der Hund den Ball zurück.*

Gib ihn wieder her: *Wieder bei mir angekommen, lässt Fritz den Ball bereitwillig fallen.*

Tauschgeschäft: *Er weiß, dass er den Ball nicht »umsonst« hergibt, sondern ein Leckerchen kriegt.*

Vertrauen muss belohnt werden – *und deshalb bekommt er den Happen natürlich auch sofort.*

Und von vorne: *So machen wir weiter, bis ich das Spiel irgendwann mit einem letzten Leckerli beende.*

DIE KUNST DER GELASSENHEIT

Hunde besitzen eine deutlich feinere Art, sich auszudrücken, als die meisten Menschen. Trotzdem weist ihre Kommunikation einige erstaunliche Parallelen zu unserer eigenen Sprache auf. Es wäre daher zu schade, wenn wir uns der Erfahrung berauben würden, einmal mit ihnen auf Hündisch kommuniziert zu haben. Mehr noch: Indem wir den Hund studieren, erfahren wir mehr über uns selbst.

Sie werden bei der Lektüre der folgenden Seiten schnell sehen, dass es den Umgang mit Ihrem Hund deutlich erleichtert, wenn Sie verstehen, was er mitzuteilen hat – und wenn Sie in der Lage sind, sich ihm gegenüber bewusst zu äußern. Dafür aber müssen Sie erst einmal die Kommunikationskanäle Ihres vierbeinigen Gefährten kennen und Ihre eigenen genauer wahrnehmen. Sie müssen nachvollziehen, welche Informationen Ihr Hund Ihnen »hinwirft«, und entscheiden, wie Sie angemessen damit umgehen.

Den ganzen Tag über gibt es Situationen, in denen Sie und Ihr Hund wichtige Entscheidungen treffen müssen. Entscheidungen, die für Sie beide einen hohen Stellenwert haben können, wie zum Beispiel die Begegnung mit anderen Hunden an der Leine. Nehmen wir mal an, Sie laufen mit Ihrem Hund eine Straße entlang, und ein älterer Herr mit Yorkshire Terrier kommt Ihnen entgegen. Sein Hund ist an einer Flexileine und wirkt leicht nervös und etwas angespannt. Weil Sie wissen, dass Ihr Hund nicht gerade verträglich mit anderen Hunden ist, sind Sie sich nicht sicher, wie dieses Aufeinandertreffen ausgehen wird. Sie müssen also schnell entscheiden. Treffen wir Entscheidungen dabei nicht bewusst und nicht im Sinne unseres Hundes und uns selbst, wird unsere Entscheidungskraft in den Augen unseres Hundes an Glaubwürdigkeit verlieren. Der Hund ist dadurch gezwungen, selbst schleunigst eine Entscheidung zu treffen. Stellen Sie sich eine Konfliktsituation mit Ihren Kollegen vor, wegen der Sie Ihren Chef konsultieren. Ist dieser mit Ihrem Wunsch nach Schlichtung überfordert und zeigt sich wenig souverän, werden Sie, wenn es drauf ankommt, seine Kompetenz zukünftig sicher infrage stellen.

Die meisten meiner Klienten haben mit ihren Hunden einen Punkt erreicht, der für beide Seiten kaum noch zu ertragen ist. Die Menschen gehen nur noch ungern nach draußen – allein der Gedanke ans Gassi-

gehen treibt vielen die Schweißperlen auf die Stirn. Diese Menschen kommen zu mir, weil sie den dringenden Wunsch haben, etwas zu verändern – und vielleicht auch mit dem Wunsch, verstanden zu werden und einem anderen zu erzählen, was sie fühlen. Sie fragen dann, was sie tun können, um das Zusammenleben erträglicher zu machen. Denn eigentlich hatten sie sich ja gewünscht, ihr Leben mit einem Hund aufzuwerten, nicht, es sich zu erschweren.

Aber was kann man denn nun tun, wenn man in einer misslichen Lage ist und nicht weiterweiß? Eigentlich ist es ganz einfach: Sie müssen sich entscheiden und dann daran arbeiten. Verändern Sie Dinge, die Sie stören. Keiner zwingt Sie dazu, so weiterzuleben wie bisher. Es wird sicher anstrengend werden, aber eines verspreche ich Ihnen: Es lohnt sich, nicht aufzugeben, sondern dranzubleiben.

Als vor ein paar Jahren mein Mädchen zu mir kam, habe ich mir fürs Training mit ihr einen Drei-Schritte-Plan entwickelt und diesen gebetsmühlenartig rauf und runter gepredigt: Ruhe bewahren, visualisieren, umsetzen. Ich befand mich oft in einer Zwangssituation und musste

Es hat lang gedauert, bis Mädchen loslassen und mir so vertrauen konnte, wie sie es heute tut.

schnell handeln. Aus Erfahrung wusste ich aber, dass Mädchen es mich bereuen lassen würde, sollte ich die falsche Entscheidung treffen. Sie hatte mir oft genug bewiesen, dass schon kleine Ungenauigkeiten in meinen Kommunikations- und Entscheidungsfähigkeiten einen üblen Nachgang haben können. Irgendwann hatte ich genug von unangenehmen Überraschungen und Begegnungen. Ich hatte keine Lust mehr, mir ständig negative Kommentare anderer Hundehalter anzuhören. Aber am allerwenigsten wollte ich, dass Mädchen noch länger so fühlen und handeln musste, wie sie es damals tat.

Um zu verstehen, was bei ihr zu tun war und wie sich ihr Code knacken ließ, stellte ich mich immer wieder bewusst verschiedenen Konfliktsituationen. Ich wollte herausfinden, was mir ein stärkeres Gefühl gab. Was ich tun konnte, um nicht völlig aufgeschmissen zu sein. Wie ich vorausschauend reagieren und uns allen etwas Unangenehmes ersparen konnte. Wie ich Mädchen motivierte.

Ich wusste natürlich, dass ich nur begreife, was passiert, wenn ich bei alldem Ruhe bewahre. Trotzdem war es wohl das Schwierigste, selbst alle Emotionen abzuschalten, während mein Hund an der Leine völlig ausrastete. Klar, jeder weiß, dass es in so einem Fall nichts bringt, sich selbst auch noch aufzuregen. Aber das ist leichter gesagt als getan. Vielleicht waren Sie auch schon einmal in einer ähnlichen Situation. Dann wissen Sie, was einem durch den Körper jagt. Und das Gefühl danach ist meistens noch schlimmer.

Trotz allem stellte ich mich dem Konflikt, und je öfter ich das tat, desto normaler wurde es für mich – und desto mehr wusste ich, was passieren würde und wie ich mich zu verhalten hatte. Im Grunde genommen hatte ich jede Situation ja schon einmal erlebt.

Ich lernte meinen Hund zu lesen und dementsprechend vorausschauend zu (re-)agieren. Ich erkannte die Feinheiten in Mädchens Gesicht. Ich sah wie ihre Augen die Form änderten, wenn sie einen anderen Hund sah und kurz davor war auszuflippen. Dieser starre Blick, der weitaus mehr Entschlossenheit ausdrückte, als ich sie damals besaß. Ich konnte ihren Atem hören, der immer deutlicher wurde und schließlich in ein tiefes und dunkles Grölen überging. Ihre Rückenhaare stellten sich auf und warfen einen dunklen Streifen, sodass sie fast aussah wie eine Hyäne. Ihre Rute stand steif erhoben … Mädchen sah dadurch noch größer aus, als sie ohnehin schon ist. Ein sehr imposanter Anblick, der tatsächlich einschüchtern konnte.

Sie drückte sich in die Leine und hatte nur noch Augen für den vermeintlichen Feind. Und ich? Ich konnte all das jetzt erkennen und anders bewerten. Ich konnte sehen, was als Nächstes passieren würde. Ich war nicht nur in der Lage, ihre geheimen Codes zu dechiffrieren, ich verstand auch, wie ich mich dabei fühlte. Ich bemerkte, dass ich meinen eigenen Körper ebenfalls kennen und wissen muss, was er mir mitteilen möchte. Sobald wir einen anderen Hund sahen und ich nicht mehr zu Mädchen »durchdrang«, verflachte meine Atmung, und meine Arme knickten ein, sodass ich wie ein T-Rex aussah. Ich ging automatisch schneller, und mein Herz schlug heftiger. Anfangs lief ich quasi noch in die Situation hinein. Getreu dem Motto: Augen zu und durch. Ich hoffte, mich durch die Erfahrungen, die ich dabei sammeln würde, weiterzuentwickeln. Und genauso war es auch.

Ich wünsche Ihnen ähnliche Erfahrungen, denn es ist großartig, sich seinem Gefühl zu stellen und daran zu wachsen. Es wird Sie gelassen machen gegenüber den Herausforderungen des Lebens und Ihnen helfen, wenn es mal anstrengend wird – mit Hund und ohne.

WEGE DER KOMMUNIKATION

Die »Kommunikationskanäle« unserer Hunde unterscheiden sich häufig gar nicht so sehr von unseren. Das bedeutet zum einen, dass wir durchaus in der Lage sind, die Zeichen der Vierbeiner zu »lesen«. Zum anderen heißt es aber auch, dass wir die Tiere viel besser erreichen können, wenn auch wir uns auch bei der Kommunikation auf diese Kanäle besinnen. Sie sollten also nicht nur bewusst Entscheidungen treffen, sondern diese Ihrem Vierbeiner gegenüber auch noch höflich, in diesem Fall hundeverständlich, übermitteln. Seien Sie gewiss: Er wird Sie viel besser verstehen, als wenn Sie noch so große Worte machen.

Die Mimik

Ein Mensch hat 26 Gesichtsmuskeln, doch im Grunde genommen sind nur acht davon für die Mimik verantwortlich. Wir können durch sie deutlich Freund von Feind unterscheiden: Ein Lächeln zeugt von einem freundlichen Gemütszustand, wirkt offen und einladend. Hingegen erscheint uns ein wütendes Gesicht mit seinen aufgerissenen Augen und den gespitzten Lippen abweisend und einschüchternd. Wir können am Gesicht eines Menschen auch Ekel erkennen, Trauer und Schmerz, können ein echtes von einem gespielten Lächeln unterscheiden … Dadurch sind wir zwar noch lang keine Psychologen, aber zumindest in der Lage, uns in unser Gegenüber hineinzuversetzen und es zu verstehen. Wir können uns auf den anderen einstellen und damit die Chance der eigenen Unversehrtheit steigern.

Wir können Menschen besser einschätzen, weil wir selbst Mensch sind. Wir können das Verhalten eines Kindes besser nachempfinden, weil wir selbst einmal Kind waren. Aber ein Hund ist eben ein Hund. Obwohl auch er lächeln kann – man geht heute davon aus, dass der Hund im Laufe seiner Entwicklung sich so sehr an den Menschen angepasst hat, dass er sein Lächeln nachahmte –, kann der Mensch dies oftmals nicht von einem drohenden Zähnefletschen unterscheiden. Und reagiert deshalb vielleicht für den Hund völlig unerwartet auf das von ihm freundlich gemeinte Ansinnen.

Mädchen und ich beim gemeinsamen Grölen – auch so was verbindet.

Wir Menschen haben uns den Hund auf vielfältige Weise zurechtgelegt. Wir haben seine wunderbaren Eigenschaften zu unseren Gunsten selektiert und die Tiere dann unterschiedlichen Einsatzgebieten zugesprochen. Irgendwie erstaunlich, dass wir so wenig von etwas wissen, das wir doch so maßgeblich beeinflusst haben. Wir haben Hunde in verschiedene Rassen unterteilt und ihre Fähigkeiten dahingehend verändert. Dabei ist auch das äußere Erscheinungsbild sehr unterschiedlich ausgefallen. Vergleicht man einen Shar-Pei mit einem Neufundländer, hat man das Gefühl, dass die beiden Rassen unterschiedlichen Arten angehören.

Solche Äußerlichkeiten beeinflussen durchaus auch die Kommunikation: Ein deutscher Pinscher wird vermutlich höheren Wert auf mimische Mitteilungen legen als beispielsweise ein Komondor. Diesem ungarischen Hirtenhund bleibt es durch seine außergewöhnliche Haartracht verwehrt, erfolgreich feine mimische Signale zu senden. Entsprechend schwer fällt es aber zuweilen auch seinen Artgenossen, die Körpersprache uneingeschränkt zu verstehen.

Ich bekam vor vielen Jahren einen Sheltiewelpen namens Heidi zur Pflege. Ich trug ihn immer in einem Brustbeutel, während ich andere Hunde meiner Therapiegruppe ausführte. In dieser Gruppe gab es unterschiedliche Hunde, mit unterschiedlichen Rassen und Eigenschaften. Eine bunte Mischung, die ich sehr liebte. Ich ging viele Kilometer mit ihnen und arbeitete an ihrem Verhalten. Wenn sie dann alle frei liefen und tobten, war es das Schönste für mich, mich unter ihnen zu tummeln. Mitten in dieser wilden Gruppe war auch Heidi, gerade mal ein Dutzend Wochen alt war. Sie sollte für ihr späteres Leben gewappnet sein und alles an Hunden kennengelernt haben, damit sie später nichts überraschen konnte. Heidi lief zwischen dem pelzigen Neufundländer und dem muskulösen Bullmastiff. Alle nahmen Rücksicht aufeinander, und sie entwickelte sich zu einer souveränen Hündin. Es war eine besonders schöne Gelegenheit, einen noch »unverfälschten« Hund zu prägen, das kommt nicht oft vor.

Ich hatte in genau dieser Hundegruppe auch schon Hunde, die sich schwer damit taten, ihre Artgenossen richtig einzuschätzen und zu lesen. Besonders Rassen mit platten Schnauzen wie der Mops oder die Französische Bulldogge werden oft missverstanden. Nun ja, wir haben die Hunde nach unseren Vorstellungen gezüchtet und nicht nach den Vorstellungen der Hunde selbst. Missverständnisse bleiben da natürlich nicht aus.

Das Blickverhalten

Man sagt ja gern: Wenn Blicke töten könnten … Und im Laufe meiner Arbeit mit aggressiven Hunden wurden mir schon einige Male wahrlich bedrohliche Blicke zugeworfen. Ich wusste dann jedes Mal, dass eine einzige falsche Bewegung ausreichen könnte, um schlimm verletzt zu werden. Ich hatte einmal einen Leonberger zur Pflege, stur und mit einem sehr eigenen Kopf. Ich mochte ihn, er war stolz, aber auch extrem schnell eingeschnappt, wenn man zu schroff mit ihm umging. Man musste ihn behutsam führen und Kompromisse eingehen. Dieser Hund hatte Probleme mit anderen Hunden und reagierte je nach Sympathie höchst unterschiedlich. Meine Frau und ich nahmen ihn eines Tages mit auf einen Spaziergang in den Wald. Wir hatten auch ein paar andere Hunde dabei. Alle liefen friedlich herum, und auch der Leonberger hatte sichtlich Freude an diesem Ausflug. Ich warf ihm einen Ball zu, er schnappte ihn sich (der Ball verschwand komplett in seinem Maul) und blieb stehen. Die anderen Hunde liefen währenddessen herum und beschäftigten sich mit sich selbst.

Ich war kurz abgelenkt und sah nur aus dem Augenwinkel, dass meine Frau sich auf den Weg zu dem Leonberger machte, um ihm den Ball wieder abzunehmen. Was wir beide zu dem Zeitpunkt nicht wussten: Er verteidigte öfter bestimmte Ressourcen, wenn nötig auch gegen Menschen. Ich sah nur kurz, wie der Hund seinen wuchtigen Kopf leicht senkte, als wollte er den Ball noch tiefer in sein Maul versenken. Dabei hielt er die Augen, die sich vergrößerten, starr auf meine Frau

HABEN SIE DAS GEWUSST?

So wie wir versuchen, den Hund zu verstehen und aus seinem Verhalten schlau zu werden, so versucht auch der Hund uns zu verstehen. Er beobachtet uns dazu ganz genau. Man hat sogar herausgefunden, dass Hunde – wie wir Menschen auch – eine Links-Blick-Tendenz haben. Das heißt, sie betrachten vor allem die rechte Gesichtshälfte Ihres Gegenübers. Diese Seite des Gesichts bietet wichtige Informationen über unseren emotionalen Zustand. Ärger oder Wut lassen sich dort deutlicher erkennen als auf der linken Gesichtshälfte. Genauso wie positive Emotionen.

Wer macht was? Auf der Hundewiese wird jeder sehr genau beobachtet. Dadurch lassen sich Konflikte vermeiden.

gerichtet. Er schaute von unten hoch und war fest entschlossen, den Ball zu verteidigen. Ich weiß nur noch, dass ich meine Frau augenblicklich wegzog und mich der Hund wie aus dem Nichts angriff. Er biss mir in den Unterarm und bewies dabei sehr klar seine Entschlossenheit, die ich zuvor schon in seinem Blick erkannt hatte.

Ich bin froh, dass ich rechtzeitig reagieren und Schlimmeres abwenden konnte. Ich nahm es dem Hund auch nicht übel und arbeitete anschließend viele Monate mit ihm und an seinem Verhalten. Wir wurden gute Freunde. Ich war froh um diese Erfahrung, dennoch sind mir natürlich freundliche Blicke lieber.

Wie aber sieht er aus, der freundliche Blick eines Hundes? Schaut er einem dabei mit aller Herzlichkeit tief in die Augen? Nein, wirklich nicht, im Gegenteil! Es gilt unter Hunden als äußerst unhöflich, zu glotzen. Bei uns Menschen ist es nicht anders. Wenn man im Zug angestarrt wird, kann das ganz schön unangenehm aufstoßen. Auch bei uns ist es höflicher, direkten Blickkontakt zu meiden. Nur bei einem Gespräch auf Augenhöhe schaut man seinem Gegenüber respektvoll in die Augen. Hunde dagegen wenden in der Interaktion mit Artgenossen und anderen Lebewesen häufig den Blick ab. Das wirkt deeskalierend und vermeidet Spannungen. Ist Augenkontakt unvermeidlich oder wird er als subtile Aufforderung bewusst eingesetzt, erfolgt er mit Unterbrechungen. Es wird dann viel geblinzelt, oder die Augenlider werden leicht geschlossen. Nur nicht anstarren, lautet die Devise.

Als ich mit Anfang 20 meinen ersten Hund bekam, habe ich viel über diese Tiere und das Training mit ihnen gelesen. Dabei fiel mir auf, dass dem Blickkontakt in einigen Ratgebern ein hoher Stellenwert zukam. Tatsächlich kann man in den Augen viel lesen, allem voran Emotionen wie Angst, Freude oder Überraschung … Schmerz in den Augen eines Tieres ist kaum zu unterscheiden vom schmerzverzerrten Blick eines Menschen. Dasselbe gilt für Panik, aber auch für Überraschung. Auch Hunden scheinen dann die Augen fast aus dem Schädel zu fallen.

Ich las aber zum Beispiel auch, dass der Hund vor jeder Mahlzeit und vor seiner vollen Futterschüssel seinem Menschen erst einmal tief in die Augen schauen und abwarten sollte, bis der ihm das Okay zum Fressen gibt. Der Sinn dieser Übung erschloss sich mir zwar nicht, aber ich probierte es trotzdem aus.

Mein Hund wurde von Mal zu Mal nervöser. Er fiepte leise vor sich hin, weshalb es noch länger dauerte, bis ich ihn zur Futterschale ließ. Sie können sich vorstellen, dass sich das Ganze ziemlich hinzog und mein Hund immer ungeduldiger wurde und immer weniger verstand, was ich wollte. Während ich darauf wartete, dass er Augenkontakt hielt, schaute er mich nur mit leicht geschlossenen Augen an. Irgendwann gab ich auf und sah ein, dass es wenig Sinn machte, ihn so warten zu lassen, und ließ es sein. Und mal ehrlich: Muss sich der Welpe auch erst hinsetzen, abwarten und so lange Blickkontakt halten, bis seine Mutter ihn zum Mahl auffordert? Natürlich nicht.

Wie viel sehen Hunde überhaupt?

Vor wenigen Jahren dachte man noch, dass Hunde farbenblind seien und nur schwarz-weiß sehen könnten. Heute weiß man es besser: Sie sehen zwar nicht die Farbvielfalt, die unserem menschlichen Auge zuteilwird, dennoch erkennen sie Farben. Sowohl für die Lichtempfindlichkeit als auch für die Farberkennung ist die Netzhaut verantwortlich. Auf ihr befinden sich sogenannte Stäbchen und Zapfen. Je mehr Stäbchen es gibt, desto mehr Licht kann die Netzhaut aufnehmen, je mehr unterschiedliche Zapfen, desto farbenfroher erscheint die Umwelt.

Das menschliche Auge ist mit drei verschiedenen Zapfenarten ausgestattet und kann daher das Farbspektrum von Rot, Grün und Blau in all seinen Abstufungen erkennen. Bis zu 200 Farbtöne kann ein Mensch auf diese Weise unterscheiden. Hunde hingegen haben nur zwei verschiedene Zapfenarten, daher beschränkt sich ihr Farbspektrum auf Blau-Violett und Gelb. Die Farbe Rot erscheint Hunden dunkel, Grün sehen sie eher gelblich. Nur Blau erkennen sie tatsächlich als Blau. Aber Hunde brauchen die Farben und ihre Nuancen auch gar nicht. Die vielen Stäbchen auf ihrer Netzhaut sorgen dafür, dass schon ganz geringe Lichtmengen genügen, um im Morgengrauen oder in der Dämmerung Beute zu erkennen.

Hunde sind im Gegensatz zu Menschen ein wenig kurzsichtig. Zumindest solange ein Objekt sich nicht bewegt, kann ihr Blick sie in einer Entfernung von mehr als sechs Metern nicht erfassen. Das ist anders, wenn sich etwas bewegt. Dies können Hunde auch aus weiter Entfernung sehen. Vielleicht sind sie beim Spazierengehen schon mal auf ein

Kaninchen gestoßen. Erst hat es vermutlich still abgewartet, und so lange hatte hat Ihr Hund nicht den leisesten Schimmer, was dort hockte – bis das Kaninchen die Spannung nicht mehr aushielt und zu rennen begann. Erst dann fällt es einem Hund auf, und es geht die Post ab.

Das Sichtfeld eines Hundes umfasst – abhängig von der Rasse – einen Winkel von bis zu 240 Grad. Im Gegensatz dazu können Hunde aber nur schlecht mit beiden Augen gleichzeitig sehen, sodass ihre räumliche Tiefenwahrnehmung schwächer ausgeprägt ist als beim Menschen. Wenn es allerdings darum geht, in der Dunkelheit oder bei schlechtesten Lichtverhältnissen nichts aus den Augen zu verlieren, liegen Hunde vorn. Denken Sie das nächste Mal über diese Informationen nach, wenn Sie Ihrem Hund einen gelben Ball auf einer grünen Wiese zuwerfen und beim Parcours rote Hütchen aufstellen. Und wenn sich das nächste Mal Ärger in Ihnen breitmacht, weil Ihr Hund auf Ihren Rückruf nicht so reagiert, wie Sie sich das wünschen, denken Sie darüber nach, dass es vielleicht daran liegen kann, dass er Sie aus der Distanz nicht erkennt und die Welt anders wahrnimmt, als wir es tun.

Auf den ersten Blick, scheint Mädchen alles im Blick zu haben. Tatsächlich aber verlässt sie sich, wie alle Hunde, meistens lieber auf ihre Nase als auf ihre Augen.

Gestik

Was bedeutet es, wenn Zeigefinger und Daumen einen Kreis bilden? Für die meisten Menschen ist das ein Zeichen dafür, dass etwas gut ist oder – dann werden gleichzeitig noch die Lippen gespitzt – gut schmeckt. Ein gestreckter Mittelfinger hingegen ist eine weniger schöne Geste. So weit, so gut. Was aber heißt es, wenn der Hund die Vorderpfote einzieht und dabei mit den Hinterläufen in der Beuge steht? Was, wenn er mit erhobener Rute, aber angelegten Ohren und leicht geschlossenen Augen auf Sie zukommt, wenn Sie ihn rufen? Wenn Sie ihn heben und er sich dabei an Ihrem Körper abstützt, die Ohren anlegt, die Stirnhaut glättet und Ihnen das Gesicht ableckt? Ich könnte Ihnen noch etliche Beispiele nennen, bei denen sich nicht alle Hundemenschen einig sind, weil sich die hündischen Gesten nicht immer exakt einordnen lassen.

Beim Menschen haben wir es da leichter. Die geballte Faust, die den impulsiven Erregungszustand zurückhält, oder die zuckenden Schultern, die Ahnungslosigkeit deutlich machen sollen: Wir erkennen solche Körpersignale, weil wir sie selbst anwenden. Doch dass Winken aus der Ferne einen Gruß bedeutet, stimmt ebenso wenig immer wie dass eine wedelnde Rute Freude zeigt? So einfach ist es leider nicht. Ein Hund wedelt zum Beispiel auch dann mit der Rute, wenn er angriffslustig ist. Mit-der-Rute-Wedeln ist ein Ausdruck der Erregung – positiver und negativer – und wird so häufig missverstanden, wie kaum eine andere hündische Geste. Sie können sich nicht vorstellen, wie häufig ich den Satz höre: »Aber ich verstehe das nicht, wie konnte er nach mir schnappen, er hat doch mit dem Schwanz gewedelt.«

Eine hündische Geste für sich zu betrachten und sich allein danach zu richten ist doch etwas zu einfach und kann in manchen Fällen regelrecht riskant sein. Nicht selten ordnet man sie falsch ein, weil man andere wichtige Informationen, die der Hund gleichzeitig noch für einen bereithält, übersieht oder nicht beachtet. Die einzelnen Gesten müssen daher immer im Kontext beobachtet werden. Nur so können Sie verstehen, was der Hund Ihnen tatsächlich sagen will.

Ganz schön viel los hier! An der Haltung des Windhundes kann man sehr gut sehen, dass er sich nicht hundertprozentig wohl in seiner Haut fühlt. Die beiden Kleinen sind ja auch gerade ziemlich aufdringlich.

Über meine Ausstrahlung kann ich meinen Hunden das Gefühl geben, dass sie bei mir sicher sind. Dazu gehört in gewissem Maße auch das Power Posing.

Die Körperhaltung

Es gibt Menschen, die von Natur aus mit geradem Rücken, stolz geschwellter Brust und erhobenen Hauptes gehen. Andere lassen eher die Schultern hängen und stehen mit gebeugtem Rücken da. An der Körperhaltung erkennt man ziemlich schnell und recht deutlich die innere Haltung und Gemütslage.

Unsere Hunde beobachten uns ständig. Sie sind in Konfliktsituationen darauf angewiesen, dass wir entscheiden. Blickt ein Hund zu seinem Frauchen oder Herrchen hoch und sieht eine Frau oder einen Mann mit wenig ausdrucksstarker Haltung, fällt es ihm schwer, sich auf die Entscheidungssicherheit dieser Person zu verlassen. Ich selbst laufe daher sehr bewusst, wenn ich mit meinen Hunden unterwegs bin. Die Körperhaltung ist für mich ein wichtiger Aspekt meines Ausdrucks, und hier habe ich viel ausprobiert und über mich erfahren. Jedes Mal, wenn ich rausgehe, erinnere ich mich daran, mich bewusst zu halten. Das gibt mir ein gutes Gefühl und aktiviert meine Muskeln. Es lässt mich frei atmen, und ich kann klarer denken. Mein Ritual vor jedem Spaziergang: Kurz bevor wir starten, richte ich mich auf, strecke die Brust und atme tief durch. Nach einem energischen »Na los!« beginnt dann das gemeinsame Abenteuer. Genauso mache ich es auch, wenn ich nur eine kleine Runde drehen will. Das Ganze nennt man übrigens Power Posing.

Man hat entdeckt, dass leistungsfähige und effektive Führungskräfte in der Regel einen höheren Testosteronspiegel und einen niedrigeren Cortisolspiegel aufweisen. Cortisol ist als Stresshormon bekannt, während Testosteron das Gefühl von Selbstsicherheit erhöht. Ein niedrigerer Cortisolspiegel verringert Angst und verbessert die Fähigkeit, mit Stresssituationen umzugehen. Was ich besonders interessant finde: Man hat herausgefunden, dass die Auswirkungen dieser beiden Hormone auch Auswirkungen auf die Körperhaltung haben.

Was viele vergessen: Man kann im Umkehrschluss über die Haltung auch aktiv die psychische Verfassung beeinflussen. Stehen Sie gut, fühlen Sie sich gut. Ich habe beobachtet, dass viele Sportler Power Posing betreiben. Cristiano Ronaldo beispielsweise, der vor jedem Freistoß ritualisiert erst einige Schritte zurückgeht, dann einen Schritt zur Seite und schließlich breitbeinig darauf wartet, den Ball ins Netz zu donnern. Auch bei Usain Bolt, dem jamaikanischen Olympiasieger im Sprint und mehrfachen Rekordhalter, sieht man das Posen. Wenn er wie Mr Olympia die Sternendeuterhaltung einnimmt und mit ausgestrecktem Arm und Zeigefinger Richtung Himmel zeigt, macht er seine Überlegenheit deutlich. Mohamed Ali riss Mund und Augen auf, um seine Gegner einzuschüchtern … Posen ist (und war) wirklich ziemlich weit verbreitet.

»Wenn Sie selbstbewusst auftreten, fühlt sich Ihr Hund bei Ihnen sicher und kann leichter entspannen.«

Das heißt nicht, dass Sie Ihren Hund beim nächsten Spaziergang mit einer gewaltigen Pose einschüchtern sollen. Sie sollen sich selbst lediglich ein gutes Gefühl machen und mehr Selbstbewusstsein einhauchen. Probieren Sie es einfach mal aus, und schauen Sie, was Ihnen guttut. Jeder Mensch, oder wie wir hier in Köln sagen, jeder Jeck ist anders. Ein Balletttänzer hat eine andere Körpersprache als ein Ringer. Hunde nehmen im täglichen Miteinander je nach Bedarf ebenfalls imponierende und eher unterwürfige Körperhaltungen ein. Ich habe einen kleinen Rüden aus Rumänien namens Fritz, der zuweilen denkt, er wäre so großartig, dass kein Weibchen ihm widerstehen und kein Rüde ihm das Wasser reichen könne. Fritz ist im Grunde kein selbstbewusster Hund, denn häufig erlebe ich ihn als eher devot und infantil. Nach außen aber post er, was das Zeug hält. Er ist äußerst sozial, aber er glaubt manches Mal, sich beweisen zu müssen – vielleicht aus Furcht, wegen seines kurzbeinigen Körperbaus doch untergebuttert zu werden. Für mich ist es sehr amüsant zu beobachten, wenn Fritzchen um ein Weibchen buhlt. Er steht dann mit erhobener Rute und aufgerichtetem Kopf da, scharrt mit den Pfötchen und streckt die Brust raus. Leider steht Fritz oft auf größere Hundedamen, die von der oberen Etage aus sein Schauspiel im Erdgeschoss nicht so deutlich wahrnehmen. Wie gesagt, es ist sehr amüsant.

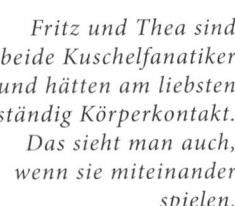

Fritz und Thea sind beide Kuschelfanatiker und hätten am liebsten ständig Körperkontakt. Das sieht man auch, wenn sie miteinander spielen.

Der Körperkontakt

Körperkontakt ist etwas Intimes. Er durchbricht unsere Wohlfühlzone und wirkt dabei intensiver auf uns ein, als jede andere Form der Kommunikation. Hunde berühren einander viel und lernen so, wo die Grenzen des anderen sind. Sie kennen das, wenn Ihr Hund Ihre Hände mit dem Kopf öffnet und sich mit der Schnauze an Sie schmiegt? Ich liebe es, wenn mein Mädchen mich begrüßt und dabei mit einer harmonischen und rhythmischen Körperhaltung zu mir kommt, ihren Kopf an mich kuschelt und sich dabei seitlich an mich lehnt, um auch von mir gestreichelt und begrüßt zu werden.

Körperkontakt kann jedoch auch maßregelnd gemeint sein. Als meine älteste Hündin Liselchen etwa ein Jahr alt war, spielte sie ziemlich wild auf der Hundewiese inmitten anderer Hunde – darunter ein Ridgeback, dem diese Aufregung wenig gefiel und der daher auf die Idee kam, sie zu maßregeln. Dabei stampfte er mit der Pfote nach ihr.

Ich habe auch schon beobachtet, wie Straßenhunde sich gegenseitig mittels Körperkontakt korrigieren: Sie stoßen den anderen leicht seitlich mit der Schnauze an und fordern ihn so auf, sich so zu verhalten, wie es sich ihrer Meinung nach der Situation entsprechend empfiehlt. Die Intensität der Berührung und die damit einhergehende Körperhaltung verraten dabei die Intention.

Menschen machen es ähnlich, allerdings ist das Ganze bei ihnen etwas einfacher zu verstehen. Einen Freund, dem wir beistehen und den wir trösten, berühren wir anders als jemanden, den wir auf Abstand halten wollen. In diesem Fall benutzen wir die Handfläche und drücken uns etwas weg. Wenn wir flirten, berühren wir vorsichtig die Hand oder die Schulter unseres Gegenübers, was jedoch missverstanden werden kann, wenn man darin nicht geübt ist. In der Schule hieß es immer: »Wenn er dich ärgert, mag er dich.« Das Ärgern oder das Necken ist die Legitimation für den Körperkontakt. Solange man ungeschickt ist, piesackt man eben. Fast hätte ich es vergessen: Auch beim Schlafen mögen Menschen und Hunde oft gern engen Körperkontakt. Er bietet Wärme und Schutz. Ich persönlich schlafe am ruhigsten, wenn meine Tiere bei mir sind.

Das Raumverhalten

Raumverteilung ist ein wichtiger Aspekt der Kommunikation. Im Boxsport oder Fußball ist die bewusste Raumverteilung und das Verhalten darin von großem Vorteil. Geht es doch darum, den Gegner strategisch zu dominieren oder sich selbst in eine optimale Haltung zu bringen. Es gibt einen, der Raum nimmt, und den anderen, der Raum gibt. Genauso kann man Raum schaffen, um einzuladen.

Es gibt Menschen, die zum Beispiel in der Bahn oder im Restaurant gerne einen Platz in der Ecke suchen. Schüler, die im Bus entweder ganz vorne oder ganz hinten sitzen. Leute, die immer eine Wand im Rücken brauchen … Wenn wir einmal einen Platz gewählt haben und uns dort wohlfühlen, wählen wir ihn oft immer wieder. Genauso ist das bei Hunden. Mein Mädchen etwa setzt sich gerne mitten in den Raum. Eine feste Platzwahl ist für alle wichtig. Sie schenkt uns Sicherheit.

Ein anderes Beispiel zum Raumverhalten: Wenn ein Hund an Ihnen hochspringt, weil Sie etwas lecker Duftendes in der Hand halten, würden Sie ihn geradezu dazu einladen weiterzumachen, wenn Sie die Arme hochnehmen und nach hinten gehen. Denn damit geben Sie ihm die Möglichkeit, Sie immer mehr in Bedrängnis zu bringen – oder anders gesagt: Ihnen den Raum zu nehmen. Bleiben Sie hingegen stehen oder gehen Sie selbstbewusst voran, machen Sie schon eher den Eindruck, als ob Sie etwas verteidigen (und das auch ernst meinen).

Beim Leinentraining zeige ich meinen Klienten, wie sie den ihnen zur Verfügung stehenden Raum optimal nutzen können. Wie sie einen intelligenten Laufweg einschlagen, um ihren Hund nicht in Bedrängnis geraten zu lassen. Ein Beispiel dafür: Sie gehen mit Ihrem Hund einen schmalen Weg entlang. Einige Meter entfernt steht ein anderer Hundehalter mit seinem Vierbeiner. Sie sehen deutlich, dass dieser Hund schon in die Leine steigt und offensichtlich wenig erfreut darüber ist, dass Sie beide gerade hier entlanglaufen. Sein Halter meint zwar, dass Sie ruhig vorbeigehen können, er hätte alles fest im Griff. Ob dies jedoch tatsächlich der Fall ist, wissen Sie nicht. Und Ihr Hund weiß es erst recht nicht. Sie sollten den Weg daher so wählen, dass zwischen Ihrem Hund und dem anderen der größtmögliche Abstand entsteht, also genug Raum ist. Damit helfen Sie nicht nur Ihrem eigenen Vierbeiner, die Situation möglichst entspannt zu meistern, sondern wirken gegebenenfalls auch auf den anderen Hund deeskalierend. Auch das ist Kommunikation, nebenbei eine sehr höfliche, die Ihnen helfen kann, brenzligen Situationen aus dem Weg zu gehen udn Ihrem Hund mehr Souveränität zu vermitteln (mehr zu diesem Thema ab Seite 156).

REINE ÄUSSERLICHKEITEN?

Was haben der hochgestellte Kragen eines Polohemds und die gelegentliche Bürste entlang der Wirbelsäule eines erregten Hundes gemeinsam? Nein, damit meine ich nicht, dass der Ridgeback der Poloträger unter den Vierbeinern ist. Ich will auf das Imponiergehabe und Größermachen hinaus. Naturgemäß lässt sich die Bürste zwar eher mit unserer Gänsehaut vergleichen, die wir ja gelegentlich auch bei Erregung bekommen (zumindest trifft das auf diejenigen Hunderassen zu, bei denen der Kamm nicht angeboren ist). Aber mit aufgestelltem Kragen wirkt man eben auch gleich größer. Kleidung ist eher ein menschlicher Kommunikationskanal, auch wenn viele Leute heute ihre Hunde ebenfalls anziehen. Ein Mäntelchen gegen Kälte oder Schuhe gegen spitze Steine, die die zarten Ballen verletzen, können unter Umständen sinnvoll sein. Bedenken Sie aber, dass einzelne Körpersignale möglicherweise nicht mehr deutlich erkennbar sind, wenn Ihr Hund so etwas trägt. Das gilt übrigens auch für ein »üppiges« Geschirr.

Nonverbale Vokalisierungen

Nicht nur Männer im Fitnessstudio äußern sich deutlich hörbar, während sie schwere Hanteln stemmen. Auch viele Tiere setzen lautliche Äußerungen ein. Für manche Vogel-, Insekten- und Fischarten sind sie der wichtigste Kommunikationskanal. Die Vokalisierung des Hundes ist ebenfalls vielfältig. Schon feine Nuancen verändern die Information. Um passend zu reagieren und sich entsprechend zu verhalten, muss man daher nicht nur zuhören, sondern auch verstehen.

Verhalten und Lebensumstände der Mutterhündin haben in der Prägephase eines Welpen großen Einfluss drauf, wie er später einmal akustische Signale anwendet und umsetzt. Hunde, die in einem stressigen, bedrohten oder angespannten Umfeld aufwachsen, äußern sich weitaus häufiger durch laute Signale, wie Schreien, Fiepen und Bellen.

Hunde bellen nicht nur, sie verfügen über eine Vielzahl an verschiedenen Tönen. Werden diese falsch gedeutet, ist es schwer, höflich zu sein. Ich habe eine ehemalige Straßenhündin namens Thea, ein kleiner Wildfang. Sie ist unermüdlich und immer bereit, mit anderen Hunden zu spielen. Sie gibt dann animierende Geräusche von sich, die fast einem Knurren ähneln – allerdings in einer höheren Frequenz und einhergehend mit beschwichtigenden und spielauffordernden Gesten. Dennoch kommt es nicht selten vor, dass Theas Aufforderung von anderen Hundehaltern missverstanden wird, die das Spiel daraufhin unterbrechen wollen. Aus Sorge, es könnte gleich eskalieren. Während Thea also ihren gesamten Charme einsetzt und versucht ihre Artgenossen zum Fangenspielen zu animieren, werden diese abgerufen. Ich muss dann häufig »eingreifen« und Theas animalischen Laut erklären.

Ein häufig missverstandener Laut ist auch das Grölen meines Mädchens, wenn sie mich aufgeregt begrüßt. Ich mag diesen Ton sehr gerne, er ist animalisch und ursprünglich. Einige Menschen deuten ihn jedoch falsch und glauben, es sei ein Knurren. Obwohl Mädchens restlicher Körper doch etwas völlig anderes signalisiert: Während des Grölens ist ihr Kopf etwas gesenkt, die Ohren liegen etwas an und die Rute wedelt langsam, aber rhythmisch mit dem Po. Insgesamt ist das Gefühl, das sie dabei vermittelt, einfach harmonisch. Dennoch lassen sich die meisten Menschen von dem dunklen Geräusch so stark beeinflussen, dass sie die anderen Körpersignale nicht mehr wahrnehmen.

Der Geruchssinn

Das Riechorgan des Hundes ist wesentlich empfindlicher als das des Menschen. Natürlich gibt es auch unter den Hunderassen Unterschiede: Ein Bloodhound kann um Weiten besser riechen als ein Mops. Dennoch riecht jeder Hunde so viel mehr, als unsereins es je könnte. Messungen haben ergeben, dass Hunde im Vergleich zum Menschen, ein eine Million Mal besseres Riechvermögen besitzen. Im Gegensatz zu unseren vierbeinigen Partnern verfügen wir schließlich gerade mal über fünf Millionen Riechzellen. Das mag zunächst viel klingen. Aber im Vergleich dazu hat zum Beispiel ein Dackel 125 Millionen, ein Schäferhund sogar 220 Millionen Riechzellen.

Die Anzahl dieser Zellen allein reicht allerdings nicht aus, um die Qualität dieser Nasentiere zu beurteilen. Hunde können in kurzen Atemzügen bis zu 300-mal pro Minute atmen. Dadurch werden die Riechzellen ständig mit neuen Geruchspartikeln versorgt. Im Gehirn werden die eintreffenden Signale dann weiterverarbeitet und ausgewertet. Da ihre Nase rechts von links unterscheiden kann, können Hunde zudem räum-

Geschnuppert wird immer und am liebsten von allen Seiten.

lich riechen. Schon der noch blinde Welpe kann so den Geruch der Mutter einordnen. Er weiß, wo sie liegt und wo genau sich die Zitzen befinden. Ich habe ältere Hunde getroffen, die zwar nicht mehr sehen konnten, sich aber dennoch erstaunlich gut orientieren konnten und ihren Weg fanden. Das Riechhirn nimmt eben zehn Prozent des Hundehirns ein. Im Vergleich: Beim Menschen ist es ungefähr ein Prozent.

Kein Wunder, dass unser Geruch unseren Hunden eine ganze Menge über uns verrät. Bei allem, was wir tun, schüttet unser Körper Botenstoffe aus. Und diese Informationen bleiben ihrer fantastischen Nase selbstverständlich nicht verborgen. Sie erschnuppert noch die zartesten biochemischen Düfte. Dagegen muss jeder Lügendetektor passen.

Wenn wir beispielsweise Angst oder Wut empfinden, schüttet der Körper Hormone und andere Botenstoffe aus – darunter Adrenalin, Noradrenalin, Dopamin, Serotonin –, um den Körper auf Streitbereitschaft einzustellen. Die Pupillen werden größer, die Haare stellen sich auf, das Herz schlägt schneller, der Blutdruck steigt … Ein Hund riecht das und kann so unseren emotionalen Zustand sehr genau erschnüffeln.

Mit den Erfahrungen, die ein Hund mit diesen Gerüchen macht, verknüpft er bestimmte Handlungen. Das erlaubt es ihm, uns und unser Verhalten besser nachzuvollziehen. Wenn ich viel Stress habe, steht mein Mädchen auf, gähnt und distanziert sich von mir. Ein toller Indikator, denn oft merkt man ja selbst gar nicht, wie sehr man unter Strom steht. Weil es mir sehr wichtig ist, was Mädchen von mir hält, atme ich in so einer Situation tief ein und versuche mich zu beruhigen. Wenn man es so will, hilft Mädchen mir also zu entspannen.

»HUNDEPARFÜM«

Hunde riechen und werden gerochen. Sie tragen ebenso gern Parfüm auf wie wir. Während wir uns jedoch mit einer Mixtur aus Chemikalien besprühen, die für die sensible Hundenase viel zu reizend wären, reiben sich unsere Vierbeiner lieber lustvoll in Kot. Ich musste leider feststellen, dass Fuchskot sich am schwersten wieder aus dem Fell entfernen lässt. Hunde senden aber in Form von Geruchspost auch selbst wichtige Information über sich. Nicht nur indem sie ihr Geschäft verrichten. Sie markieren zum Beispiel bestimmte Stellen über die Schweißdrüsen unter ihren Fußballen mit ihrem hauseigenen Duft und scharren anschließend, um den Geruch zu verteilen. Oder sie tragen die Rute stolz hoch und wedeln leicht damit, um die Analdrüsen zu stimulieren und deren Geruch hinter sich herzufächern. Wie schon gesagt: Man kann nicht nicht kommunizieren.

WIE HUNDE UNS WAHRNEHMEN

Obwohl wir durchaus in der Lage wären, uns über unseren Körper mitzuteilen, bedienen wir Menschen uns dazu überwiegend der Sprache. Das macht die Kommunikation mit unseren Vierbeinern leider nicht leichter. Weil Hunde die Menschensprache nicht verstehen, sondern vielmehr bestimmte Laute mit unseren Handlungen verknüpfen, entstehen nur allzu schnell Missverständnisse.

»Hunde verstehen nicht, was wir sagen, sehr wohl aber, wie wir es tun. Sie überprüfen außerdem, ob es auch zu den Duftsignalen passt, die wir aussenden.«

Ein Beispiel: Wenn ein Hund bei Ihnen einzieht und Sie sich einen schönen Namen für ihn überlegt haben, werden Sie ihn fortan damit rufen und so seine Aufmerksamkeit einfordern. Was viele vergessen: Woher soll der Hund wissen, dass dies sein Name ist? Woher, was Sie von ihm möchten? Hunde geben sich untereinander keine Namen.

Beim Menschen ist das klar: Man kann meinen Namen auf verschiedene Arten rufen. Es kann überrascht klingen oder mahnend, wütend oder auffordernd, gelangweilt oder freudig. Ich weiß, dass ich so heiße, und im Laufe meines Lebens habe ich die verschiedenen Betonungen und deren Bedeutung verstanden. Aber der Hund? Der Hund versteht es eben nicht.

Nehmen wir an, Sie haben Ihren Hund Felix getauft. Sie werden ihn also ab sofort mit diesem Namen ansprechen. Genauso werden Sie wohl »Felix!« sagen, wenn er etwas unterlassen soll – wahrscheinlich mit einer anderen Betonung, dennoch ist es ein und derselbe Laut, den Sie äußern. Und da »Felix!« selbst keine Bedeutung für Ihren Hund hat, sondern erst durch den Kontext, also Ihrem dazugehörigen Handeln verknüpft wird, bekommt der Begriff für ihn eine negative Bedeutung. Wenn Sie Ihren Hund dann auf der Hundewiese zu sich rufen, wird daher vermutlich erst einmal gar nichts passieren.

Genauso kann der Name oder ein anderer Begriff im Laufe der Zeit mit anderen Assoziationen belegt werden, sodass der Hund nicht (mehr) so reagiert, wie Sie es sich eigentlich wünschen.

Ich lerne häufig Familien kennen, die bei jeder Gelegenheit den Namen des Hundes rufen, wobei dieser in keinster Weise darauf reagiert. Ich erlebe so oft, dass Hunde keine klaren Botschaften bekommen, sondern wirre menschliche Laute vernehmen, die für sie keinerlei Sinn ergeben. Aber wie lernen denn Hunde nun unsere Sprache?

Natürlich sind Hunde durchaus in der Lage, verschiedene Begriffe zu verstehen. Ich denke aber, es ist so wie bei Kindern: Sie lernen Begriffe, indem sie die Gegenstände und Handlungen sehen, die mit diesen Begriffen einhergehen, und dann beides miteinander verknüpfen.

Ich selbst musste die deutsche Sprache als Kind von Grund auf erlernen, musste schnell verstehen, um Anschluss zu finden. Und ich habe am schnellsten verstanden, wenn es klare Handlungen zu dem Gesprochenen gab. Wenn wir auf dem Pausenhof Fußball spielten und ich etwas gut machte, streckten die anderen den Daumen hoch und sagten: »Sehr gut!« Ich verstand dadurch, dass dieser Laut, etwas Positives zu bedeuten hat. Mit ausreichender Wiederholung konnte ich selbst »Sehr gut!« sagen.

Als Menschenkind besaß ich die Intelligenz, schnell zu verstehen und aus dem mir bekannten Kontext bestimmte Sätze herzuleiten. Ich konnte mir aus der Mimik und Gestik der anderen vieles herleiten und wurde gezielt unterrichtet. Was aber machen Hunde? Wie schwer haben sie es, unsere Sprache zu verstehen – sowohl die verbale als auch die nonverbale? Sie haben es äußerst schwer! Seien Sie deshalb behutsam, sprechen Sie deutlich und verlangen Sie nichts von Ihrem Hund, was Sie ihm nicht vorher akribisch beigebracht haben.

Belegen Sie die Handlung Ihres Hundes mit einem Signal und wiederholen Sie dieses. Einfaches Beispiel: Sie möchten, dass Ihr Hund »Sitz!« macht. Er lernt es nicht, indem Sie unzählige Male »Sitz!« sagen, sondern indem Sie ihn in die gewünschte Position bringen. In dem Augenblick, in dem der Po Ihres Hundes den Boden berührt, sagen Sie »Sitz!«. Eigentlich ganz einfach. Aber bis es überall und immer einwandfrei klappt, muss man es immer und immer wieder üben.

Als ich Fritz bekam, brachte ich ihm verschiedene Signale bei. Es klappte recht gut. Nur bei »Leg dich!« erwies sich das Unterfangen schwieriger als gedacht. Fritz hat sehr kurze Beine, und ich konnte ihn einfach nicht dazu bringen, sich hinzulegen. Ich brachte ihm daher erst einmal

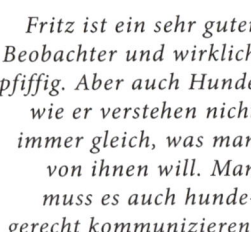

Fritz ist ein sehr guter Beobachter und wirklich pfiffig. Aber auch Hunde wie er verstehen nicht immer gleich, was man von ihnen will. Man muss es auch hundegerecht kommunizieren.

»Sitz!« bei und streifte dann mit einem Stück Wurst oder Käse am Boden entlang – in der Hoffnung, er würde die bequemere Position einnehmen und sich hinlegen, damit ich diese Haltung endlich mit »Leg dich!« kommentieren konnte. Aber Pustekuchen! Fritz senkte einfach den Kopf zu Boden, um sich das Leckerchen zu holen. Ich musste mir etwas Neues überlegen: Ich wartete derweil darauf, dass er sich von selbst hinlegte, und beobachtete ihn daher sehr genau, um zur richtigen Zeit das dazugehörige Signal zu geben: »Leg dich!« Dann lobte ich ihn. Nach ein paar Stunden wusste ich genau, wann er sich hinlegte, und ich kommentierte einfach zeitgleich seine Handlungen. Hunde haben es nicht einfach zu verstehen, was wir von ihnen möchten. Wir verlangen meist viel früher etwas von ihnen, als wir es sollten. Wir fokussieren uns zu sehr darauf, was sie nicht können, und zu wenig darauf, was sie noch lernen müssen. Wirklich problematisch wird es aber erst dann, wenn Hunde nicht mehr zugänglich sind und Probleme entwickelt haben.

Ich bin der festen Überzeugung, dass fast jedes Problem auf Fehlkommunikation zurückzuführen ist. Deshalb möchte ich Ihnen mit diesem Buch einen kleinen, aber sehr wichtigen Teil der Hundesprache zeigen. Und ich wünsche mir, dass Sie nicht nur erkennen, wie Hunde mit uns und ihrer Umgebung kommunizieren, sondern dass sie auch zuhören. Und nicht zuletzt natürlich, dass Sie selbst in einer für ihn deutlicheren Sprache mit Ihrem Vierbeiner sprechen.

Ich arbeite seit vielen Jahren im Tierschutz und habe etliche Angsthunde trainiert. Hunde, die mit Menschen schlechte Erfahrungen gemacht haben. Die uns nicht einordnen und unsere Nähe nicht dulden konnten. Wenn sich diese Tiere über zu viel Nähe beschwerten, kamen einige Zweibeiner auf die Idee, sie direkt anzusprechen. Ich hatte zum Beispiel eine traumatisierte Hündin in Pflege. Nelly hatte schlimme Erfahrungen mit Menschen gemacht und ließ sich nicht anfassen. Ging man zu nah an ihr vorbei, bestand die Gefahr, dass sie sich an der Wade »verewigte«. Ich arbeitete etwa zehn Monate mit Nelly und habe mich dabei sehr in sie verliebt. Sie war eine aufgeweckte, äußerst intelligente Hündin, die gerne gelernt hat. Sie war sehr sportlich, und ich war viele Stunden mit ihr in den Wäldern. Ich habe ihr gezeigt, wie wir Menschen funktionieren, und brachte ihr bei, dass direkter Augenkontakt keine Form der Provokation ist. Dass sie bei einer erhobenen Hand, keine Schläge befürchten muss, sondern auch etwas Schönes erwarten kann. Beispielsweise hob ich die Hand und bot ihr, kurz bevor sie reagieren konnte, Leckerchen an.

Stück für Stück öffnete Nelly sich mir und vertraute immer weniger auf die schlechten Erfahrungen in ihrem Leben. Stattdessen lernte sie die Welt der Menschen neu kennen. Während unserer gemeinsamen zehn Monate begegneten wir aber immer wieder auch Zweibeinern, die nicht begreifen konnten, dass Nelly sie nicht verstand. Eines Tages zum Beispiel näherte sich uns im Park eine ältere Dame. Sie blieb bei uns stehen, drehte sich zu Nelly und wollte sich über sie beugen, um sie mit den Worten »Du bist aber eine Süße« von oben zu begrüßen. Ich sah das und wusste es zu verhindern. Die Dame war wenig begeistert von mir und entrüstet über meine Abweisung. Dabei wollte ich doch nur meinen Hund beschützen – und sie auch. Ich erklärte ihr, dass Nelly besonders große Angst hatte, und auch, dass es gegenüber dem Hund unhöflich ist, sich über ihn zu beugen. Während ich ihr das besänftigend erzählte, beugte sich die Dame erneut über Nelly mit den Worten: »Ach du Arme, aber ich tu dir doch gar nichts.« Das war der Moment, in dem ich mich freundlich verabschiedete. Ich wusste nicht, ob ich es amüsant finden sollte, dass Menschen oft so unachtsam sind, oder eher erschreckend.

An dieser Stelle noch ein anderes Beispiel für Fehlinterpretation und Missverständnisse zwischen Mensch und Hund: Ich wurde einmal von einer Frau angerufen, die große Schwierigkeiten mit ihrem Rauhaardackel hatte. Er schnappte, wenn sich ihm Menschen näherten, ohne besondere Ankündigung sofort zu. Die Frau erklärte mir, dass der

»Zuneigung ist keine Einbahnstraße.
Ist sie das doch, dann ist sie ein Übergriff.«

Hund ihren Mann schon in den Zeh gebissen hätte und sie selbst in die Nase. Und sie meinte, dass sie nun endgültig genug davon hätte und das Verhalten nicht nachvollziehen könne.

Als sie mir das am Telefon erzählte, fragte ich mich natürlich, wie ein Dackel einem Menschen in die Nase beißen konnte. Hatte dieser Dackel eine enorme Sprungkraft, oder attackierte er sie hinterlistig in der Nacht? Aber als ich die Familie besuchte, wurde mir einiges klar. Ich erlebte einen überaus gestressten Hund, der einfach von allem zu viel hatte. Zu viel von seinen Menschen, zu viel von deren Regeln und zu viel von dem ganzen Chaos an Methoden und Möglichkeiten. Was hätte ich tun sollen? An dem Hund arbeiten? Ihm erklären, dass In-die-Nase-Zwicken ein absolutes No-Go ist? Das hätte vermutlich wenig gebracht. Stattdessen arbeitete ich mit dem Ehepaar und erklärte ihm die Bedürfnisse seines Hundes: Dass dieser nicht mehr weiterwusste. Dass er mehr als einmal deutlich gemacht hatte, dass er des Kuschelns und der Kuschelnden überdrüssig war. Ich sah mich im Haus um. Sogar auf dem Familienfoto an der Wand machte dieser kleine Hund seinen Unmut deutlich: Er gähnte und drückte sich etwas von den anderen weg. Doch keiner beachtete es. Was blieb ihm also noch übrig, als zu kämpfen?

Eines Tages erhielt ich den Anruf einer Tierschützerin, die sich mit Herz und Seele um Hunde kümmert, die andere längst aufgegeben haben. So wie Mikusch, einen jungen Rüden mit zotteligem Salz-Pfeffer-Fell und warmen Augen. Er war ein rumänischer Straßenhund, dessen noch junges Leben von viel Misstrauen geprägt war. Er wurde von Hundefängern geschnappt und in eine Tötungsstation gebracht. Was er genau erleben musste, mag man sich gar nicht vorstellen.

Ein Start mit Hindernissen

Nach langer Suche fand sich ein Paar, das geduldig genug war, dem Hund die Zeit zu geben, die er braucht. Das Ausmaß seiner traumatischen Erlebnisse überforderte allerdings auch sie: Mikusch ließ sich anfangs nicht anfassen, geschweige denn anleinen und ausführen. Die einzige Möglichkeit, mit ihm ins Freie zu gehen, war der Garten. Erst allmählich war Mikusch bereit Körperkontakt zuzulassen. Man durfte ihn jedoch nur mit einer Hand anfassen. Sobald die zweite Hand dazukam, schnappte er zu. Anleinen? Noch immer Fehlanzeige. Als das Paar nach etwa sieben Monaten Sorge hatte, es alleine nicht zu schaffen, kam ich ins Spiel: Meine Hoffnung war, dass Mikusch, wenn er schon den Menschen nicht vertraute, zumindest sein Misstrauen gegenüber Hunden ablegen könnte. So besuchte ich ihn mit fünf Hunden. Fünf völlig unterschiedliche Charaktere. Einer davon, so dachte ich, würde vielleicht Mikuschs Interesse wecken.

Erste Annäherungen

Als wir ankamen, lag Mikusch in einer Ecke unter dem Esstisch, bewegte sich nicht und gab kein Geräusch von sich. Als wir näher kamen, weinte er leise vor sich hin, weil er die Spannung nicht aushielt. Meine Hunde gaben ihm den Freiraum und näherten sich ihm nicht. Fortan schauten wir alle paar Wochen vorbei – und tatsächlich fing Mikusch langsam an, sich für meine Hunde zu interessieren. Nun musste er aber auch angeleint und ausgeführt werden. Mit einem Schlüpfhalsband mit Zugstop näherte ich mich ihm – mit gesenktem Kopf und abgewendetem Körper. In aller Form der Höflichkeit zeigte ich ihm, dass von meiner Seite keine Gefahr ausgeht. Ich hielt das Halsband in der Hand, streichelte ihm den Rücken und legte das Band vorsichtig an.

Als das klappte, wollte ich ihn zusätzlich mit einem Geschirr absichern. Wie mit dem Halsband näherte ich mich ihm und kündigte ihm mit leisen Worten an, was ich vorhatte. Schon etwa einen halben Meter vor ihm begann ich, streichelnde Bewegungen auszuführen – bis ich bei ihm ankam und ihn wieder anfassen durfte. Bewegte ich mich zu schnell oder unüberlegt, schnappte er nach mir. Als Mikusch endlich auch das Geschirr akzeptierte, führte ich ihn durch den Garten. Meine Hunde liefen voraus, als wollten sie den Weg ebnen, den er nun gefahrlos betreten konnte. Es war eine weitere Geduldsprobe, denn an der Leine bewegte er sich keinen Zentimeter. Doch wir hatten Zeit.

Eine neue Welt

Nach einigen weiteren Treffen fühlte ich, dass Mikusch bereit wäre, die ersten Schritte auf die Straße zu setzen. Ich spürte die positive Energie und war voller Zuversicht. Meine Hunde liefen voraus. Und Mikusch? Er lief hinterher! Ganz langsam zwar, aber er lief. Als der erste Windhauch einen ihm unbekannten Duft vorbeitrug, hob er die Nase, als würde er alle Gerüche dieser Welt zum ersten Mal wahrnehmen. Als ihn zwischen zwei Häusern ein Sonnenstrahl traf, blieb er kurz stehen und schloss leicht die Augen. Ich war gerührt. Mit meinen Hunden als »Eisbrecher« konnte Mikusch nach einem Dreivierteljahr das erste Mal auf die Straße und in den Park. Seine Menschen haben so viel Geduld bewiesen und nicht aufgegeben. Und all das hat sich mit diesem Augenblick bezahlt gemacht. Ich freue mich für dich, lieber Mikusch.

DIE KONFLIKTSTRATEGIEN DES HUNDES

Eine gelungene Kommunikation ist der direkteste Weg zur glücklichen Mensch-Hund-Beziehung. Nicht alles, was uns falsch erscheint, ist nämlich auch für den Hund falsch. Und genauso ist für den Hund nicht alles richtig, was uns richtig erscheint. Wir müssen daher lernen, uns besser zu verstehen.

Ich höre häufig Sätze wie: »Er macht das nicht mit Absicht …« »Eigentlich weiß er, dass das falsch ist …« »Und dann kam er zu mir, nach dem Motto: Ups, das tut mir leid, das wollte ich nicht …« Weil Hunde uns in vielem so ähnlich sind, denken ihre Menschen oft, dass sie auch so empfinden wie wir. Ich fürchte, dass dies eher ein Wunschdenken ist. Wir möchten gerne, dass Hunde so denken. Aber das tun sie nicht. Hunde haben ihre eigene, sehr feine Art – und das ist auch gut so. Zeigt ein Hund ein für den Menschen unerwünschtes Verhalten, tut er dies nicht einfach aus irgendeiner Laune heraus und schon gar nicht aus Protest. Er verhält sich, wie er sich verhält, weil er denkt, es genau so machen zu müssen. Das heißt: Hat der Hund die Nachbarin gebissen, geschah das sicher nicht aus Versehen und auch nicht, weil sie spätabends noch laut Musik laufen ließ, sondern weil er der festen Meinung war, sie beißen zu müssen. Aus welchem Grund auch immer.

TYPISCH HUND!

Ihr Hund verhält sich, wie es seiner Natur entspricht. Sie dürfen sein Verhalten nicht aus menschlicher Sicht interpretieren, sondern müssen es nüchtern betrachten und schauen, wie es sich einordnen lässt.

Genau das macht die Verhaltenspsychologie. Sie geht davon aus, dass alle Verhaltensäußerungen – genauso wie alle kognitiven Prozesse und Emotionen – das Produkt äußerer Reize und deren Verarbeitung durch psychische Prozesse sind. Und ihr Ziel ist es, bestimmte Verhaltensweisen zu erklären, vorauszusagen und, wo nötig, zu verändern.

Uns Menschen fällt meist erst dann auf, dass ein bestimmtes Verhalten sich ändern muss, wenn wir uns daran stören. Dabei ist das, was wir als störend empfinden, nur die Spitze des Eisbergs. Dem störenden Verhalten liegt meist eine Aneinanderreihung von vielen kleinen Missverständnissen und unbefriedigten Bedürfnissen zugrunde, die irgendwann zu Frustration führen. Lassen Sie uns daher einmal anschauen, wie Hunde sich verhalten und wie wir das Verhalten einordnen können. Aus fachlicher Sicht unterscheidet man dabei drei Begriffe und Schwerestufen: das unerwünschte Verhalten, das Problemverhalten und die Verhaltensstörung.

Unerwünschtes Verhalten

Oft verhält sich ein Hund anders, als sein Frauchen oder Herrchen es sich wünschen, und tut genau das, was diese eben nicht möchten. Und genauso oft ist diese Verhaltensweise ein ganz normaler Bestandteil des hündischen Verhaltensrepertoires. So empfinden wir es beispielsweise als Zumutung, wenn ein Hund jagt, Leute anspringt, sich in Aas wälzt, Kot frisst, an der Haustür bellt oder Haus und Hof verteidigt. Dabei kann das, was uns da sauer aufstößt, je nach Typ und Lebenslage variieren. Der eine findet es gut, dass sein Pinscher an der Türe bellt und die Familie lautstark alarmiert, der andere empfindet dies als Lärmbelästigung. Wo der Jäger vom Jagdtrieb seines Hundes profitiert, verzweifelt der Stadtmensch an den Jagdambitionen seines Münsterländers und empfindet sie zunehmend als Belastung.

Hunde haben es nicht leicht mit uns – und ich habe es oft nicht leicht, ihren Haltern zu erklären, dass die Ursache ihres Unglücks in der Regel hausgemacht ist. Klar, das hört wahrscheinlich keiner gern.

Albtraum jedes Hunde-halters: Der Hund wälzt sich in Aas (oder Schlim-merem). Für den Vier-beiner aber ist das ein völlig normales, natürliches Verhalten.

Ich erlebe sehr häufig, dass Menschen ein Problem mit dem Verhalten ihres Hundes haben, obwohl es für diesen völlig normal ist. Ich weise dann immer wieder darauf hin, dass man sich bewusst sein sollte, wel-che Ambitionen ein Hund hat und wofür er ursprünglich einmal ge-züchtet wurde. Dass man sein natürliches Verhalten nicht unterdrücken sollte, sondern Alternativen finden muss.

Ich wurde einmal von einer Familie um Hilfe gebeten, die zwei Herden-schutzhunde hatte. Ihr Problem: Die Hunde verbellten alle Zwei- und Vierbeiner, die am Grundstück vorbeikamen. Die Familie war des-wegen in der Nachbarschaft nicht sonderlich beliebt. Die Situation hat-te sich bereits so zugespitzt, dass die Familie überlegte umzuziehen.

Als ich die Leute das erste Mal traf, erzählten sie mir, dass sie bereits einen Versuch mit einigen anderen Hundetrainern gestartet hätten, um das Verhalten der beiden Hunde zu korrigieren. Sie zogen den Tieren Sprühhalsbänder an. Doch das wirkte nur kurz. Bald kehrte das Verhalten zurück – und zwar noch stärker als zuvor. Sie warfen Rappeldosen nach den Hunden und spritzten sie mit Wasser nass.

Das allerdings führte nur dazu, dass die Hunde mehr und mehr Abstand zu ihren Menschen nahmen. An ihrem Verhalten am Gartenzaun änderte sich nichts. Es schien hoffnungslos …

Ich hörte mir alles an. Ich nahm den Frust der Familie wahr, bekam den Unmut der Nachbarschaft zu spüren und sah, wie sich die Hunde der restlichen Familie gegenüber distanzierten und das Vertrauen zu ihren Menschen verloren. Es war also erst einmal meine Aufgabe, verständlich zu machen, dass diese beiden Hunde lediglich ihrer Arbeit nachgingen. Und zu erklären, dass ich nicht in erster Linie an ihnen arbeiten werden würde. Schließlich handelte es sich um Herdenschutzhunde, die wirklich sehr gut aufpassten. Ich legte meine Hauptaufgabe vielmehr auf die Familie und schuf ihr Verständnis für diese wunderbaren Hunde. Ich arrangierte Gespräche mit den Nachbarn, baute einen Sichtschutz am Zaun, zeigte, wie man solche Hunde beschäftigen kann. Nicht zuletzt erklärte ich der Familie den Unterschied zwischen unerwünschtem Verhalten und Problemverhalten. Denn in diesem Fall führte das eine fast zum anderen.

Problemverhalten

Von Problemverhalten spricht man dann, wenn eine Verhaltensauffälligkeit nicht mehr nur aus individueller Sicht, sondern ganz allgemein als störend empfunden wird. Problemverhalten ist völlig überzogen und nicht der Situation angemessen. Solche Verhaltensweisen sind meist geprägt von Leid und können emotional oder körperlich gesteuert sein, beispielsweise durch Angst oder Schmerz. Typische Beispiele für Problemverhalten sind: auffälliges oder aggressives Verhalten gegenüber anderen Hunden, aggressives Verhalten gegenüber Menschen, Stress und Unruhe beim Autofahren oder in öffentlichen Verkehrsmitteln, An-der-Leine-Ziehen, Unaufmerksamkeit und Orientierung weg vom Menschen, Angstverhalten und Unsicherheit in bestimmten Situationen, Angst vor bestimmten Geräuschen, das Hetzen von Joggern, Radfahrern oder Autos oder Dauerbellen, Jaulen und das Zerstören von Gegenständen, wenn der Hund allein bleiben muss. Wenn man so will, all das, mit dem ich tagtäglich zu tun habe.

Ich arbeite seit vielen Jahren mit Hunden, die genau solche problematischen Verhaltensweisen zeigen – und mit Menschen, die sich alles

Wenn ein Hund Probleme hat (und macht), muss man ihm Alternativen zeigen, wie er sich verhalten kann, um aus der Stressspirale zu entkommen. Bei Mädchen ist mir das geglückt – und vielen anderen Hunden und ihren Menschen konnte ich ebenfalls helfen.

andere als eine Belastung gewünscht haben. Doch auch wenn sich die Themen ähneln, ist doch jeder Fall eine neue Herausforderung. Jedes Verhalten ist schließlich individuell, und genauso ist auch jeder Charakter individuell. Die Probleme mögen sich ähneln. Aber die Beweggründe für und das Ausmaß des Verhaltens sind von Fall zu Fall unterschiedlich. Man kann daher nicht mit jedem Hund und jedem Menschen nach demselben Konzept arbeiten. Es braucht immer wieder eigene Herangehensweisen.

Ein sehr praktisches Beispiel für Problemverhalten ist die Leinenführung: Etwa die Hälfte meiner Klienten klagt darüber, dass sich ihre Hunde an der Leine nicht zu benehmen wüssten. Der eine zieht wie ein Wahnsinniger und stellt jeden Schlittenhund in den Schatten, der andere verwandelt sich in eine bösartige Furie, sobald er an Frauchen oder Herrchen gebunden ist. Wenn ich mit den Leuten spreche, sagen sie häufig, sie hätten schon alles ausprobiert: Stehen bleiben, wenn der Hund zieht, die Richtung wechseln, laut »Fuß!« sagen, an der Leine ruckeln. Geholfen hätte all dies eher selten. Wie kann das sein?

Ich möchte an dieser Stelle nochmals verdeutlichen, dass die schlechte Leinenführigkeit letztlich nur ein Symptom ist, dessen Ursprung weitaus tiefer liegt. Und dass wir Hundetrainer und Verhaltenstherapeuten unsere Aufgabe am besten erfüllen, indem wir diesen Ursprung finden und kreativ sowie zum Wohle von Mensch und Hund beheben. Ich trainierte einmal eine Frau mit einem West Highland White Terrier. Der kleine Terrier begrenzte den Lebensgefährten der Frau enorm, lief ihm ständig hinterher und kniff ihm manchmal sogar in die Fersen. Wenn die Frau mit dem Hund auf der Couch saß und der Mann sich daneben

»Man muss die Ursachen behandeln, nicht die Symptome.«

setzen wollte, war es von der Stimmung des Hundes abhängig, ob er dieses »Privileg« für sich in Anspruch nehmen durfte und wie viel Überzeugungskraft es dafür bedurfte. Ich fragte die beiden, was sie bis jetzt dagegen unternommen hätten. Die Antworten waren ebenso kurios wie der Fall selbst. Zuerst hatten die beiden in puncto Aufgabenverteilung die Rollen getauscht, und der Mann war eine Zeit lang dafür verantwortlich, den Hund zu füttern und morgens auszuführen. Nachdem das an der Situation zu Hause nichts änderte, bewaffnete sich der Mann mit einer PET-Flasche. Jedes Mal, wenn er bedrängt wurde, warf er die Flasche scheppernd auf den Boden. Als das den Hund noch »gewalttätiger« machte, wollte er versuchen, den Kleinen aus der Hand zu füttern. Doch der nahm nichts mehr von ihm an. Alles in allem war der Vertrauensverlust nach diesen Aktionen auf allen Fronten noch größer als zuvor. Es fehlte eigentlich nur noch eine Trillerpfeife, um den Hals des Mannes, damit er um Hilfe rufen konnte. Es kam so weit, dass der Mann den Hund am liebsten weggegeben hätte. Die Frau dagegen, das war zumindest mein Eindruck, hätte lieber ihren Mann abgegeben. Irgendwie konnte ich beide verstehen, trotzdem musste eine Lösung her. Und dafür musste ich erst einmal wissen, wie es überhaupt so weit kommen konnte.

Schon im Laufe des Erstgesprächs hörte ich heraus, dass viele Emotionen im Spiel waren: Der Mann war eifersüchtig auf den Hund, und seine Frau wusste dies sehr genau – und genoss es durchaus. Mein Fazit: Die beiden trugen ihre unerfüllten Wünsche und Erwartungen auf dem Rücken des Hundes aus. Das war nicht höflich. Im Gegenteil! Der Hund bemerkte die unausgesprochenen Signale und reagierte darauf. Bis das Ganze schließlich außer Kontrolle geriet und es auf Dauer blieb, weil man nur noch an den Symptomen arbeitete. Erfolglos.

Hunde mit Vergangenheit – und Zukunft

Durch meine Arbeit im Tierschutz und den teilweise sehr bewegenden Fällen habe ich es häufig mit stark verunsicherten Hunden zu tun, im Umgang mit denen man als Mensch meist verloren hat. Hunde, die verstörende, traumatische Erfahrungen gemacht haben und bei scheinbar alltäglichen Kleinigkeiten jede Fassung verlieren.

Manche Härtefälle waren dabei, die selbst mich an meine Grenzen brachten und verzweifeln ließen. Einige Male waren dies Hunde, die sich partout nicht anfassen ließen. Hunde, die aus schlechter Haltung befreit wurden oder aus ausländischen Tötungsstationen kamen. Ein besonderer Fall war Charly. Er wurde in einer Tötungsstation geboren und lebte durch die Hilfe von Sponsoren, die seine Lebenszeit erkauft hatten, etwa vier Jahre im Zwinger, bis er schließlich zu einer jungen Frau nach Deutschland kam. Die Frau liebte den Hund und gab ihm reichlich Zeit, sich bei ihr einzuleben. Doch Charly ließ sich nicht anfassen. Sein neues Frauchen akzeptierte das zunächst und arrangierte alles so, dass der Hund auf den Balkon gehen konnte, wenn er musste. Überall lagen Pinkelmatten und Sand.

Als sich nach einem halben Jahr immer noch wenig tat, konsultierte mich die Frau. Ich hatte Erfahrung mit solchen schwierigen Fällen, dennoch war dieser Hund ein Individuum. Ich wollte ihm dabei helfen, endlich frei zu sein. Das Problem aber war, dass Charly sich nicht anfassen ließ und bei jeder unüberlegten Annäherung zuschnappte. Mir war durchaus bewusst, dass er mir weder vertraute (wieso auch) noch dass ich bei ihm mit Leckerchen punkten konnte. Meine Hoffnung aber war, dass er anderen Hunden gegenüber offener sein würde als Menschen. Und daher besuchte ich die Frau mit sechs Hunden.

Da stand ich nun, voller Hoffnung, aber zugleich wissend, dass ich überhaupt keinen Plan hatte. Ich näherte mich Charly mit aller Höflichkeit und sendete deutliche Signale, um ihn zu beschwichtigen – im Schlepptau meine Hunde, die mich vor ihm besser aussehen lassen sollten. Nach etwa zwei gemeinsamen Stunden in der Wohnung konnte ich Charly anleinen. Zwei Stunden, in denen ich viel tat und ausprobierte, in denen sich aber auch Charly ein genaues Bild von mir und meinen Hunden machen konnte. Ich näherte mich ihm Stück für Stück. Doch immer dann, wenn ich gerade dachte, dass er meine Nähe nun duldete, lief er weg oder drohte subtil. Zweimal saß ich sogar so

»Verhalten ist die Antwort auf die Gesamtheit aller
Reize, die auf den Hund einwirken.«

nah bei ihm, dass ich ihm eine Leine überwerfen konnte, die er aber ziemlich schnell zerbiss. Schließlich gelang es mir mithilfe seiner Besitzerin ihm eine Leine umzuwerfen, die er duldete. Damit ließ ich ihn erst einmal in Ruhe.

Sein Frauchen sollte Charly nun an der Leine führen, während ich mit meinen Hunden vorne den Weg »sicherte«. Tatsächlich lief Charly wenige Schritte mit uns und ließ sich etwas führen – aber nur bis zur Türschwelle. Keinen Zentimeter weiter. Aber das war immerhin ein Anfang und nach all dem, was mit diesem Hund passiert war, kein schlechter. Wir hatten einen Startpunkt, zu dem wir immer wieder auf gleiche Weise zurückkehrten. Ich wollte, dass Charly keine Überraschungen erwarteten, deshalb liefen wir alle auf und ab – von diesem Startpunkt bis zu der Stelle, an der Charly blockierte. Meine Hunde und ich voreweg, Charly und sein Frauchen hinterher. Langsam ging er immer ein paar Zentimeter weiter als in der Runde zuvor – bis Charly schließlich zum ersten Mal draußen auf dem Hof stand. Ich war extrem glücklich und beflügelt, aber mindestens genauso erledigt. Am nächsten Morgen sendete mir die junge Frau ein Video von sich und Charly: Die beiden saßen im Park, das Eis war gebrochen. Diesen Fall werde ich nie vergessen. Ich bin sehr dankbar für die Erfahrung – und für meine Hunde, die mir so sehr dabei geholfen haben, Charly zu helfen.

Wir müssen unseren Hunden unsere Welt mit ihren Regeln zeigen und erklären, dafür aber müssen wir erst einmal Vertrauen schaffen. Wenn das gelingt, folgen uns unsere Vierbeiner überallhin.

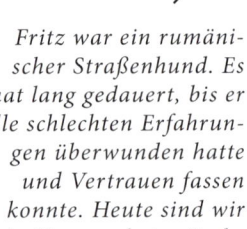

Fritz war ein rumänischer Straßenhund. Es hat lang gedauert, bis er alle schlechten Erfahrungen überwunden hatte und Vertrauen fassen konnte. Heute sind wir ein Herz und eine Seele.

Verhaltensstörung

Bei Verhaltensstörungen handelt es sich um abnorme Verhaltensweisen. Sie werden grundsätzlich als krankhaft eingestuft, und es gibt keinen normalen Auslöser für die gezeigten Reaktionen. Das bedeutet: Die überwiegende Mehrzahl aller Hunde würde in der gleichen Situation ein anderes Verhalten zeigen. Mitunter ist das Verhalten nicht einmal Bestandteil des gesamten hündischen Verhaltensrepertoires. Dennoch sind Verhaltensstörungen beim Hund keine Seltenheit.

Bei Verhaltensauffälligkeiten sollte der Hund zunächst dem Tierarzt vorgestellt werden, um körperliche Erkrankungen auszuschließen. Ist das Tier organisch gesund, stellt sich anschließend die Frage, weshalb das Verhalten des Hundes abnormal ist. Bei Hunden sind die häufigste Ursache dafür Angststörungen. Sie gehen über das normale, natürliche Furchtverhalten hinaus und werden oftmals durch Veränderungen der

Lebenssituationen hervorgerufen. Solche Angststörungen verursachen häufig Appetitlosigkeit, Schlafstörungen, exzessives Putzverhalten, Hecheln, Speicheln, erweiterte Pupillen sowie eine gesteigerte oder auch herabgesetzte Interaktion mit der Umwelt. Die betroffenen Hunde fügen sich zum Beispiel selbst Wunden zu, drehen sich während einer längeren Zeitspanne wiederholt in engen Bögen im Kreis oder schnappen auf der Jagd nach imaginären Schatten in die Luft. Man sieht ihnen auf den ersten Blick an, dass es ihnen nicht gut geht.

Ich war ungefähr 27 Jahre alt, als ich den Auftrag bekam, bei einem älteren Pärchen und seinem Parson Jack Russel für etwas mehr Entspannung zu sorgen. Eigentlich ein ganz normaler Fall, aber um die Pointe ausnahmsweise mal vorwegzunehmen: Es wäre einfacher gewesen, einer Katze das Bellen beizubringen.

Für das erste Treffen verabredete ich mich mit den beiden Hundehaltern und ihrer Frieda in einem nahe gelegenen Wald. Ich wollte mir ein Bild davon machen, wie Hund und Menschen miteinander umgingen und was das Problem war. Frieda bellte fast unaufhörlich alles an, was sich bewegte, und hechelte, als hätte man sie in eine Sauna gesperrt. Dabei zog sie die Mundwinkel so weit zurück, dass man ihr komplettes Gebiss sehen konnte. Sie zerrte an der Leine und war hektisch, schnappte zwischenzeitlich in der Luft nach Fliegen und wirkte, als würden alle Eindrücke und Reize dieser Welt auf einmal durch ihren Verstand schießen. Sie wirkte richtig krank. Doch Frieda war regelmäßig beim Tierarzt, und der versicherte, dass sie organisch gesund war.

So einen Fall hatte ich zuvor noch nie erlebt. Frieda war nicht ansprechbar und wie von Sinnen, sie schien gefangen in ihrem eigenen Kosmos. Ich brach an diesem Tag recht schnell ab und schickte die drei wieder nach Hause. Ich ertrug die Unruhe, die von diesem Hund ausging, schlecht und hatte anders als sonst überhaupt nicht das Gefühl, gleich helfen zu können. Erst einmal musste ich sorgfältig nachdenken.

Man wusste nicht viel über Friedas Vorgeschichte, nur, dass es sie sehr verstört hatte. Ich besuchte wenige Wochen später die Familie zu Hause und brachte ein Fahrrad mit. Ich leinte Frieda an ein Geschirr und fuhr eine ordentliche Runde mit ihr. Ich erhoffte mir, dass sie dadurch die angestaute, explosive Energie loswürde. Aber Frieda zeigte keinerlei Ermüdungserscheinungen. Ich fuhr daher zurück, um ihre Familie für einen Spaziergang abzuholen. Frieda war fast genauso nervös wie beim ersten Treffen. Und ich stand blöd herum und hatte keinen blassen Schimmer, wie ich zu diesem Hund durchdringen, geschweige denn, ihn beruhigen sollte. Wie so oft zuvor und danach waren es schließlich meine Hunde, die den Bann brachen.

Zu der Zeit trainierte ich mehrere Hunde, manchmal waren es bis zu zwölf, 13 Stück, mit verschiedener Herkunft und unterschiedlichen Vorgeschichten. Mit dieser Therapiegruppe wanderte ich regelmäßig durch Köln. Wir waren immer über viele Stunden unterwegs, und ich wusste, wie stark die Dynamik in der Gruppe war. Ich schlug der Familie also vor, mir noch eine letzte Chance zu geben: Ich wollte Frieda meiner Gruppe vorstellen. Man willigte ein, und wenige Tage später holte ich Frieda mit etwa zehn Hunden ab. Bevor ich sie sah, hörte ich sie schon japsen und bellen. Ihre Stimme überschlug sich, zwischendurch hustete sie, als hätte sie gerade mit dem Rauchen aufgehört. Als Frieda uns schließlich sah, stieg sie in die Leine, riss die Augen auf und bellte hysterisch. »Meine« Hunde waren etwas verwirrt und schauten mich an, als wollten sie mir sagen: »Warum nimmst du diesen Stromkasten mit?« Doch schon nach wenigen Kilometern bemerkte ich, dass sich etwas veränderte. Frieda bellte nicht mehr durchgängig, und ich hatte den Eindruck, dass sie besser lief. Ich holte sie ab da regelmäßig ab und integrierte sie in unsere Gruppe.

Nach wenigen Wochen ließ ich sie an der Schleppleine laufen und brachte ihr die (N)Etikette unserer Gruppe bei. Sie lernte zu teilen und sich anzuschließen. Nach wenigen Monaten griff sie andere Hunde nicht mehr an, und ich konnte sie wunderbar abrufen. Aber es dauerte insgesamt etwa zwei Jahre, bis sie völlig gelassen mit uns lief und nicht mehr auffällig wirkte. Sie war zwar immer noch sehr aufgeregt, und man musste nach wie vor ein Auge auf sie haben. Aber sie war kein Vergleich zu der Frieda, die ich anfangs kennengelernt hatte.

Heute läuft Frieda regelmäßig in der tollen Hundegruppe einer Freundin, die sich wunderbar um sie kümmert und sie an ihren Abenteuerwanderungen teilhaben lässt. Frieda wird auf ewig diese enorme Unruhe in sich tragen, aber solange es ihre Hundegang gibt, die diese Unruhe unter sich aufteilt, kann Frieda damit gut leben. Wir haben das Beste daraus gemacht.

WIE HUNDE MIT STRESS UMGEHEN

Stress hat wahrlich keinen guten Ruf. Jeder will ihn vermeiden und sich nur ja keinen Stress machen. Dabei ist Stress als eine Art Notfallsystem des Körpers äußerst wichtig. Unser Organismus braucht Stress, um seine Leistungsfähigkeit zu steigern. Viele Jahrtausende lang konnte der Körper die Stressreaktion durchaus gebrauchen: Sie stellte die Energie zur Verfügung, die nötig war, um vor Feinden zu fliehen oder mit Angreifern zu kämpfen. Heute dagegen wird ein Großteil dieser Energie nicht aufgebracht, und so schadet es tatsächlich, wenn wir ständig gestresst sind. Und unseren Hunden geht es da nicht anders.

Die vier F's

Sehr oft ist Stress eine Folge von Angst – und wie unsere Hunde auf diese reagieren, ist angeboren. Denn Angst zählt zu den sogenannten primären Emotionen, die im Körper generalisierte, schnelle, fast schon reflexartige Reaktionen hervorrufen. Im Falle der Angst heißt das: Der Hund muss (quasi automatisch) kämpfen oder flüchten, »friert ein« oder versucht zu besänftigen. Im Englischen nennt man diese Bewältigungsstrategien auch die vier F's:

> Fight (Angriff, Kampf)
> Flight (Flucht)
> Freeze (Schreckensstarre, Ohnmacht, Ausdruck einer erlernten Hilflosigkeit)
> Flirt oder Fiddle about (Beschwichtigungsgesten, Spielangebote, anbiederndes Verhalten)

Fight und Flight

Kampf und Flucht sind die beiden Reaktionen, die am häufigsten zutreffen, wenn es um auffällige Hunde geht. Während der Kampf-oder-Flucht-Reaktion veranlasst das Gehirn, dass durch Nervenbahnen des vegetativen Nervensystems Signale an das Nebennierenmark gesendet werden, wo sie eine schlagartige Freisetzung von Adrenalin bewirken. Dieses Hormon erhöht unter anderem das Herzminutenvolumen (also das Blutvolumen, welches das Herz pro Minute in den Kreislauf pumpt), die Körperkraft und die Atemfrequenz. Im Klartext: Es wird spontan jede Menge Zusatzpower zur Verfügung gestellt.

Freeze, das heißt: nicht bewegen, am besten noch die Luft anhalten – und hoffen, dass der andere einfach weiterzieht …

Bei Dauerbelastung gibt die Nebennierenrinde zusätzlich stoffwechselanregende Hormone wie Cortisol ins Blut ab. Denn Adrenalin allein wäre nur für kurze Zeit wirksam.

Die innerkörperlichen Reaktionen liefern also genau die Energie, die in Notsituationen das Überleben sichern kann. Diejenige Extraportion Energie, die es für einen Kampf beziehungsweise für die Flucht braucht.

Freeze

Ich habe einmal ein Video gesehen, das zeigte, wie Schafe, wenn sie erschrecken, starr umfallen. Ganz so schlimm ist es bei Hunden nicht, dennoch ist die starre Bewegungslosigkeit ein deutliches Zeichen für Überlastung. Der Körper braucht Zeit, um bestimmte Reize zu verarbeiten, sich neu zu positionieren und eventuell eine neue Strategie zu wählen. Und daher schaltet er einfach mal kurz auf Standby.

Ein anderer Grund für das Erstarren ist die Hoffnung, von einem Raubtier übersehen zu werden. Denn dessen Augen sprechen am ehesten auf Bewegung an. So wie auch die Augen anderer, eventuell bedrohlich wirkender Hunde.

Wenn sie hochgehoben werden, erstarren Hunde häufig. Sie sind dann steif wie ein trockenes Stück Pizza. Allerdings gehen damit noch andere Signale einher, mit denen der Hund die Situation zu entspannen versucht. Nicht zuletzt wartet man in der Freeze-Haltung auch einfach mal ab, was das Gegenüber überhaupt macht – und hat die Möglichkeit, es zu besänftigen. Sie werden das noch besser verstehen, wenn ich im nächsten Kapitel auf die Beschwichtigungssignale zu sprechen komme (siehe ab Seite 95).

Flirt oder Fiddle about

Das ist mein Lieblings-F und für mich die schönste Form der Interaktion. Ich finde den Gedanken, Anspannung so elegant zu lösen, äußerst nachahmenswert. Aber schauen wir uns erst mal an, was diese

Reaktionsmöglichkeit überhaupt bedeutet. Denn der »Flirt« oder das »Fiddle about« wird häufig fehlinterpretiert.

Bei dieser Reaktion versucht der Hund, die schwierige Situation zu überspielen, indem er zum Beispiel herumalbert. Doch kann das »Fiddle about« anhand der Steifheit, der zunehmenden Erregung, der jeweiligen Situation sowie an der Reaktion des anderen Hundes von einem wirklichen Spiel recht gut unterschieden werden. Dazu muss man aber die Feinheiten im scheinbaren »Spiel« beachten und ihnen entsprechende Bedeutungen zumessen.

Bei einem echten Spiel nimmt der Hund sein Umfeld als nicht belastend war. Er kann sich erlauben, sich im Spiel zu verlieren. Empfindet er eine Situation dagegen als belastend, richtet sich seine ganze Aufmerksamkeit auf das Umfeld. Im »Fiddle about« kann der Hund es sich also nicht erlauben, sich in ein Spiel zu vertiefen. Entsprechend abgehackt sehen die Spielbewegungen aus. Das Verhalten geht zudem mit starken Beschwichtigungssignalen einher.

> *»Jeder Hund reagiert anders auf bestimmte Reize. Konfliktbewältigung ist dabei zum einen Typsache, zum anderen aber auch situationsbedingt.«*

Wir Zweibeiner haben ganz ähnliche Konfliktstrategien wie unsere Hunde. Stellen Sie sich nur mal eine Schulklasse vor, die eine böse Überraschung erwartet. Ein unangekündigter Test zum Beispiel. In so einer Situation reagieren zwar alle Kinder unterschiedlich, jedoch bedienen sich alle eines der vier F's. Ein Teil der Klasse wird lautstark gegen eine solche Zumutung protestieren (Fight). Ein anderer Teil wird versuchen, sich der Aufgabe zu entziehen, und überlegen, wie man den Klassenraum unauffällig verlassen könnte (Flight). Wieder andere Schüler sind angesichts der unangenehmen Nachricht vermutlich völlig regungslos. Sie sind wie gelähmt vor Schreck und haben vermutlich einen Blackout (Freeze). Und dann gibt es noch die, die das Ganze überspielen und sagen: »Ach, ich werde es mit einem anderen Fach schon ausgleichen« oder »Ich werde das Schuljahr sowieso wiederholen müssen« (Fiddle about).

Auf der Hundwiese treffen die unterschiedlichsten Typen aufeinander – und das betrifft nicht nur das Aussehen. Aber weil alle dieselbe Sprache sprechen, gibt es selten »echte« Probleme.

HÜNDISCHE »HÖFLICHKEITCODES«

Hunde sind nicht nur sehr sozial, sie sind von Natur aus auch recht höflich. Ihre »Höflichkeitsfloskeln« nennt man Beschwichtigungssignale. Sie sind Teil der vier F's und geben den einzelnen Situationen, den verschiedenen Handlungen und ihrer jeweiligen Bedeutung einen tieferen Sinn.

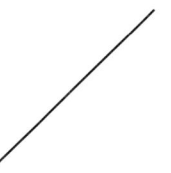

Die Fähigkeit der Konfliktvermeidung durch beschwichtigende Signale ist genetisch fixiert. Schon vor mehr als 10 000 Jahren verwendeten die Vorfahren unserer heutigen Haushunde dieselben Signale. Und bis heute können alle Hunde dieser Erde – unabhängig von Rasse, Größe, Farbe oder Naturell – darüber miteinander kommunizieren, wenn sie sich begegnen.

Beschwichtigungssignale sind Signale, die entweder das Gegenüber oder auch den Hund selbst beruhigen sollen. Sie waren und sind noch heute von größter Bedeutung für den Fortbestand des Rudels. Schließlich könnte ein Rudel nicht überleben, würden seine Mitglieder ständig raufen und sich gegenseitig bekämpfen. Die Tiere könnten weder bei der überlebenswichtigen Jagd zusammenarbeiten noch bei der Aufzucht der Jungen. Und weil wir heute das »Rudel« unserer Hunde sind, sind diese Signale auch für unsere Beziehung von großer Bedeutung.

DIE HÄUFIGSTEN BESCHWICHTIGUNGSSIGNALE

Die folgenden Beschwichtigungssignale lassen sich bei Hunden am deutlichsten erkennen. Und wenn Sie erst einmal darauf achten, werden Sie schnell feststellen, dass sie in allen F's vorkommen – wenngleich sie innerhalb dieser vier Verhaltensweisen stark variieren.

Aber Achtung: Ein Signal allein besagt noch gar nichts. Das Gesamtbild ist wichtig. Sonst ist es, als würden Sie die erste und die letzte Seite eines Buches lesen und daraus auf dessen Inhalt schließen.

Der Höflichkeitsbogen

Hunde sind, anders als viele zweibeinige Zeitgenossen, wahre Meister darin, Konflikte zu entschärfen. Sie gehen zum Beispiel nicht einfach geradewegs auf einen anderen, fremden Hund zu – nach dem Motto: Hier komm ich, schau du selbst, wo du bleibst. Stattdessen schlagen sie einen leichten bis großen Bogen ein – es sei denn, die beiden kennen sich sehr gut oder konnten sich schon aus der Ferne ihre freundlichen Absichten mitteilen.

Während des Näherkommens senden zudem beide Hunde eine Vielzahl weiterer beschwichtigender Signale aus. Sie senken zum Beispiel den Blick oder wenden den Kopf zur Seite (siehe auch Seite 99).

Während sich Hunde im Freilauf in der Regel so verhalten können, wie es ihrer Natur entspricht, haben sie an der Leine nicht immer die Möglichkeit, so höflich aufeinander zu reagieren. Ihr Halter lässt ihnen oft einfach keine Möglichkeit, den Bogen nach ihrem Empfinden einzuschlagen. Die wenigsten wissen, dass sie ihren Vierbeiner regelrecht dazu zwingen, sich unhöflich zu benehmen. Und das wiederum ist auch nicht gerade höflich.

GUTE SCHULE

Ich habe viele Stunden auf Hundewiesen verbracht und zugeschaut, wie Hunde miteinander kommunizieren. Ich habe nach sich wiederholenden Verhaltensweisen Ausschau gehalten und erkannt, dass zum Beispiel Begrüßungsrituale nach einer Weile immer identisch sind. Hunde, die sich wiederholt treffen, begrüßen einander immer auf dieselbe Art und Weise. Ich habe nach dem Kleingedruckten gesucht, und ich wurde fündig. Machen Sie es genauso: Setzen Sie sich auf eine Wiese, machen Sie es sich bequem und beobachten Sie die feinen Signale zwischen Hund und Hund, Hund und Mensch oder auch nur unter den Hundehaltern. Was kommt Ihnen bekannt vor? Die Welt spricht, Sie müssen nur zuhören.

Hoppla, wer kommt denn da? *Der weiße Wuschel erstarrt erst mal (Freeze) und wartet ab.*

Alles gut: *Mädchen hat seine Unsicherheit bemerkt und beschwichtigt mittels Kopf- und Pfotenhaltung.*

Vorsichtige Annäherung: *Mädchen kommt langsam und im Bogen näher, so traut sich auch der andere.*

Geschafft: *Der erste Kontakt wird aufgenommen. Dabei senden beide weiter Beschwichtigungssignale.*

Abwenden des Körpers

Wenn ein Mensch einem anderen den Rücken zukehrt, zeigt er damit sehr deutlich, dass er keinerlei Interesse an ihm hat. Bei Hunden ist das nicht anders. Treffen sie aufeinander und fühlen sie sich dabei unbehaglich, geben sie ihrem Gegenüber zunächst durch unterschiedliche Signale zu verstehen, dass sie sich nicht recht wohl in ihrer Haut fühlen. Reicht das nicht aus, weil der andere die friedlichen Absichten nicht versteht oder sie nicht verstehen will, wenden sie den gesamten Körper ab – so wie es zum Beispiel auch eine Mutterhündin macht, wenn sie von ihren Jungen bedrängt wird. Deutlicher kann man wohl kaum signalisieren, dass man keinerlei Interesse hat, in irgendeiner Art Ärger zu bekommen.

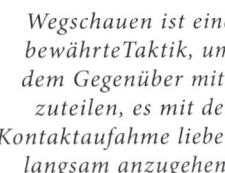

Wegschauen ist eine bewährte Taktik, um dem Gegenüber mitzuteilen, es mit der Kontaktaufahme lieber langsam anzugehen.

Eine ehemalige Bekannte züchtete Zwergschnauzer. Bei einem ihrer Würfe durfte ich beobachten, wie die Mutterhündin ihren Nachwuchs erzieht. Sie war sehr gelassen und wirkte äußerst abgeklärt. Und was ich besonders beachtlich fand: Sie ließ sich überhaupt nicht aus der Ruhe bringen, wenn ihre vier Jungen quengelig wurden.

Dabei konnten die Welpen schon wenige Wochen nach der Geburt ziemlich aufdringlich werden. Sie waren recht agil und krabbelten über alles hinweg. Aber immer wenn es der Hündin zu viel wurde, drehte sie sich weg und gönnte sich eine Auszeit. Half auch das nichts, stellte sie sich auf eine Stufe oder einen abgesägten Baumstamm im Garten und wendete den Körper wieder leicht weg. Die Kleinen kamen nicht zu ihr hoch – und das war ganz im Sinne der Mutter.

Den Kopf abwenden

Nicht nur der sich nähernde Hund sendet beschwichtigende Signale aus, sondern auch sein Gegenüber. Nähert sich ein Hund einem anderen zum Beispiel in dessen Augen zu schnell und zeigt er auf seine beschwichtigenden Signale keinerlei Reaktion, wendet der andere den Kopf ab. Er dreht dann den Kopf entweder nur zur Seite oder bewegt ihn abwechselnd ganz schnell nach links und rechts. Dasselbe Zeichen zeigen Hunde auch sehr oft, wenn sich Menschen über sie beugen oder sie hochheben. Dann ziehen sie meistens auch noch eine Pfote ein, wodurch sie ihren Körperschwerpunkt weiter wegdrücken, und wenden den Kopf zur Seite. Auch wenn man einem Hund ein Geschirr anlegt, nimmt er mitunter den Kopf zur Seite und zieht die Pfote ein.

Direkten Augenkontakt vermeiden

Stellen Sie sich vor, Sie säßen im Zug und Ihr Gegenüber würde Sie ununterbrochen anstieren. Vermutlich empfänden Sie dies wie die meisten von uns als äußerst unangenehm. Direkter Augenkontakt ist schließlich provokant. Ständiges Blinzeln dagegen zeugt eher von Unsicherheit – zumindest bei Hunden. Die schauen, wenn sie aufeinandertreffen, in verschiedene Richtung. Allenfalls blinzeln sie sich an, sofern es ihre »Frisur« ermöglicht, oder sie kneifen die Augen zusammen, um zu beschwichtigen. Ihre (starren) Blicke treffen sich nur, wenn einer den anderen provozieren will.

Züngeln

Das Sich-übers-Maul-Lecken – oft innerhalb des Bruchteils einer Sekunde – sieht man sowohl bei Begegnungen mit anderen Hunden als auch mit Menschen, beispielsweise wenn diese zu grob mit ihrem Vierbeiner umgehen. Das Zünglein an der Waage ist also im wahrsten Sinne des Wortes manchmal entscheidend.

Hunde züngeln in vielen Situationen. Ich habe irgendwann damit angefangen meine Trainingseinheit zu filmen. Wenn ich meine Hunde oder fremde Hunde ausbilde, lasse ich die Kamera mitlaufen. So kann ich Dinge entdecken, die mir auf den ersten Blick vielleicht nicht auffallen. Bei der Auswertung eines Films bemerkte ich, wie oft die Hunde züngelten. Das hatte ich beim Training selbst gar nicht registriert. Zum einen, weil das Züngeln sehr schnell ging. Zum anderen, weil es für mich schlecht sichtbar war, da ich den Hund führte und deshalb von oben auf seinen Kopf blickte.

Nach einigen intensiven Stunden konnte ich schließlich ein Muster erkennen, wann meine Hunde züngelten, und wusste, in welchen Situationen diese Geste mit einer anderen einherging.

Schauen Sie selbst auch ganz genau hin: Es wird Ihnen deutlicher auffallen, wenn Ihr Hund Ihnen frontal gegenübersteht. Nähern Sie sich beispielsweise mit Ihrem Gesicht dem Gesicht Ihres Hundes, kann es sein, dass er züngelt. Er bittet damit in diesem Fall sozusagen um etwas Abstand. Das Züngeln kann in so einem Fall dann auch mit einem Lecken über das Gesicht oder die Hand einhergehen.

Schmatzen

Mit dem Züngeln geht häufig ein schmatzendes Geräusch einher. Dieses ist jedoch weniger ein Zeichen des Genusses, vielmehr verfolgt der Hund damit ebenfalls die Absicht zu beschwichtigen. Natürlich schmatzen Hunde auch nach einer leckeren Mahlzeit – oder in Erwartung einer solchen. Im Gegensatz dazu ist beim beschwichtigenden Schmatzen die Stirnhaut meist geglättet, und die Ohren sind angelegt (siehe auch Seite 114). Nicht selten nimmt der Hund auch eine demütige Haltung ein, indem er den Kopf senkt und Blickkontakt vermeidet. In der Summe sind das alles Zeichen, die diese Geste recht deutlich von einem »Lecker-Schmatz« abgrenzen.

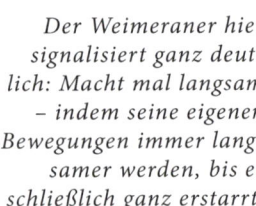

Der Weimeraner hier signalisiert ganz deutlich: Macht mal langsam – indem seine eigenen Bewegungen immer langsamer werden, bis er schließlich ganz erstarrt.

Verlangsamte Bewegung

Da schnelle Bewegungen oft bedrohlich wirken und man länger braucht, um sie einzuordnen, verlangsamen Hunde ihre Bewegungen, wenn sie auf Artgenossen treffen, die sie nicht kennen oder nicht einschätzen können. Das erscheint weniger furchteinflößend – im Grunde genommen versucht man, sich langsam wegzuschleichen.

Auch wenn ein Hundehalter seinen Hund zu energisch zurückruft, kann dieser das als bedrohlich auffassen – und deswegen sein Tempo »runterfahren«. Der Mensch interpretiert das oft falsch und schimpft mit dem Hund, wenn er sich nicht schnell genug bewegt. Auch Sätze wie: »Er ist schuldbewusst« oder »Er weiß genau, dass er etwas falsch gemacht hat« fallen in so einer Situation gern. Doch Hunde haben kein schlechtes Gewissen. Ihr Verhalten ist rein situationsbezogen. Harsches Rufen und Schimpfen verstärkt daher das Trotten eher noch.

Erstarren

Manchmal verhalten sich Hunde auch völlig passiv und bleiben in einer Position, um nicht in eine Auseinandersetzung verwickelt zu werden. Oft verharrt einer der beiden dann in dieser Stellung, bis sich der andere entfernt. Dieses »Einfrieren« (Freeze) ist eine Form der passiven Demut und zugleich eine gute Gelegenheit, sich Zeit zu verschaffen. Bevor ein Hund »einfriert«, verlangsamt er oftmals seine Bewegungen. Stellen Sie sich vor, Sie führen Ihren Hund an der Leine aus und ein frei laufender Artgenosse – sein Halter ist weit und breit nicht zu sehen – kommt auf Sie zu und will an Ihrem Vierbeiner schnuppern. Eine recht unangenehme Situation, vor allem für Ihren Hund. Schließlich hat er kaum Möglichkeiten auszuweichen, weswegen er häufig erstarrt. Als Hundehalter sollten Sie ihn dann nicht weiterziehen. Es wäre eine sehr unschöne Erfahrung für ihn, wenn er an der straffen Leine gezerrt würde, während der andere an seinem Hintern schnuppert. Besser ist es, Sie gehen friedlich dazwischen und splitten die beiden voneinander (siehe auch ab Seite 111). Lassen Sie die Leine dabei ganz locker oder leinen Sie Ihren Hund ab, damit er mehr Bewegungsspielraum hat.

Wedelnde Rute

Sie ist das wohl am häufigsten fehlinterpretierte Signal des Hundes: die wedelnde Rute. »Ich weiß wirklich nicht, wieso er zugebissen hat. Er kam doch schwanzwedelnd auf mich zu.«
Ich kann es einfach nicht oft genug sagen: Mit-dem-Schwanz-Wedeln gilt unter Hunden nicht nur als ein Ausdruck der Freude, sondern kann auch ein Signal dafür sein, dass der Hund ängstlich, unsicher, aggressiv oder anderweitig gestresst ist. Im Grunde genommen ist die wedelnde Rute einfach »nur« ein Barometer für Aufregung – im positiven Sinne genauso wie im negativen. Sie müssen daher gerade hier immer den gesamten Hund betrachten und die anderen ausgesandten Signale berücksichtigen. Der (ganze) Hund kommuniziert mit uns, nicht (nur) seine Rute.
Ist die Rutenbewegung freundlich aufgeregt, sehen Sie dem Hund seine gute Laune auch sonst an: Seine Bewegungen sind rund und fröhlich – genau wie seine Stimmung. Im Grunde genommen wedelt der ganze Körper mit.

Eine ängstliche Rutenbewegung sitzt tiefer, die Hinterläufe sind dabei eingeknickt. Der Hund wendet dabei den Kopf ab und schmatzt oder hat das Mündchen zugespitzt. Insgesamt wirkt er nicht gerade so, als ob er gerade viel Freude hätte.

Auch ein stark angespannter Hund, wedelt mal mit der Rute. Allerdings steht diese dabei steif nach oben. Die Hinterbeine sind durch-, der Vorderkörper und die Brust herausgestreckt. Diese Haltung wirkt deutlich imposanter als beim fröhlichen Wedeln – und genauso ist sie auch gemeint: Hey, was willst du?

Ich sollte kürzlich auf einem Symposium über die Doppeldeutung von hündischen Signalen sprechen. Die Seminarteilnehmer durften ihre Hunde mitbringen, und ein Mensch-Hund-Team fiel mir besonders auf. Der Hund war ein gestromter Boxer, ein kräftiger Rüde, der mit aufrechter Haltung und steifer, nach links geneigter Rute die anderen Hunde recht aufdringlich beschnüffelte. Sein Herrchen lief hinter ihm her und ließ ihn machen. Einige Reihen weiter saß ein mittelgroßer Schnauzer, der auf mich einen recht souveränen Eindruck machte.

Erhobene Rute: *Sie signalisiert Erregung – freudige oder auch, wie hier, durch Verunsicherung.*

Wedeln: *Auch das bedeutet nicht automatisch große Freude, sondern dient zuweilen der Beschwichtigung.*

Als die beiden aufeinandertrafen, stellte sich der Boxer in besagter Haltung vor den Schnauzer. Sie standen Kopf an Kopf: Der Boxer wedelte peitschenartig mit seiner Rute hin und her, setzte den Kopf auf die Schulter des Schnauzers – und ehe ich mich's versah, gerieten die beiden in einen Streit. Was ich noch hören konnte, war, wie der Boxer-Mann meinte: »Normalerweise beschnuppert er den anderen nur, und dann ist gut. Er hat ja auch eigentlich mit dem Schwanz gewedelt, vielleicht wollte er spielen.«

Ich fand das sehr interessant. Und bekam, völlig unvorhergesehen noch bevor das Symposium begann, eine tolle Anregung, wie ich mein wichtiges Thema angehen konnte. Als ich an der Reihe war, hatte ich eine perfekte Beispielgeschichte.

Tiefstellung des Vorderkörpers

Die Vorderbeine sind nach vorne gestreckt und eng beieinander, der Kopf leicht gesenkt und die Augen aufmerksam. Der Hund verneigt sich so tief mit dem Vorderkörper, als würde er sein Gegenüber zum Tanz einladen. Ein kurzes Erstarren und schließlich eine explosive Bewegung zur Seite: Für mich ist das die schönste Haltung. Noch schöner ist es, wenn der Aufgeforderte darauf eingeht, sich ebenfalls absenkt und dann mitläuft.

Wenn der Hund den Vorderkörper senkt, verstehen dies die meisten Menschen als Aufforderung zum Spielen. Dabei ist die Tiefstellung auch eine wunderbare Form, Konfliktsituationen zu umgehen und der bereitgestellten Energie eine andere Möglichkeit zu geben, sich zu entladen. Sie wird einfach umgewandelt in Bewegung und durch das spielähnliche Verhalten kontrolliert. Das Signal eignet sich daher sehr gut, um das »Flirten« zu verdeutlichen: Während die Bewegung in der Spielaufforderung viel flexibler ist, mit mehr Bewegung einhergeht und insgesamt sehr einladend wirkt, erkennen Sie die Beschwichtigung an den etwas steiferen Bewegungen: Sie fangen abrupt an und hören genauso schnell wieder auf. Zudem ist am aufgerichteten Nackenfell die Erregung des Hundes deutlich zu sehen.

Doch nicht immer kommt es so weit: Wenn es insgesamt nicht mehr Deeskalationsbedarf braucht, bleibt es manchmal auch einfach bei der Verneigung. Hunde sind eben bei Gelegenheit auch Energiesparer.

Viele Rüden finden mein Mädchen toll. Allerdings beruht dies in den seltensten Fällen auf Gegenseitigkeit. Als Mädchen erst kurz bei mir lebte, war das noch viel deutlicher zu spüren. Sie kam unkastriert zu mir und war kurze Zeit danach läufig. Wenn ein Rüde es wagte, auch nur ansatzweise in ihre Richtung zu schnuppern, war das für sie schon Grund genug, völlig am Rad zu drehen. Viele Rüden revidierten daraufhin ihr Interesse und suchten das Weite – angesichts ihrer wahrlich mächtigen Statur nur allzu verständlich.

Ich zeigte Mädchen Alternativen, denn ich merkte, wie angespannt und gestresst sie in solchen Situationen war. Und tatsächlich: Als irgendwann wieder ein Interessent »anklopfte«, verneigte sie sich und forderte ihn zum Laufen auf. Und der andere ging auch noch darauf ein und lief mit … Später am Tag wiederholte sich das Verhalten – als hätte Mädchen Spaß an dieser Alternative gefunden.

Vorderkörpertiefstellung mit gleichzeitigem Züngeln: Das ist ein deutlicher Hinweis, dass Thea nicht zum Spiel auffordert, sondern ihr Gegenüber beschwichtigen will – und ein bisschen vermutlich auch sich selbst.

Sich hinsetzen

»Sitz!« ist unter Hundehaltern vermutlich der liebste Befehl. Der Hund soll sich hinsetzen, wenn es ein Leckerchen gibt, er muss sich hinsetzen, wenn an- oder abgeleint wird, wenn man an der Ampel steht … Weshalb auch immer, scheint »Sitz!« eine Art Mindestgegenleistung zu sein, die der Hund erbringen muss, bevor es etwas Positives gibt. Genauso wie es manchen Leute schnell als Strafe dient, wenn es mal nicht so läuft, wie es ihrer Meinung nach laufen soll.

Für mich persönlich ist »Sitz!« nur in einer Form relevant: als Beschwichtigungssignal. Meine Hündin schützt damit zum Beispiel ihren Hintern vor penetranten Rüden. Genauso ist Hinsetzen eine gute Möglichkeit, einem anderen Mensch-Hund-Team zu helfen, sich zu beruhigen. Man lässt einfach den eigenen Hund absitzen und signalisiert damit eine deeskalierende Haltung.

Sich hinlegen

Sich-Hinlegen wirkt ähnlich wie Sich-Hinsetzen beschwichtigend, wobei es noch etwas ausdrucksstärker ist als dieses. Es wird oftmals von ranghöheren Hunden angewandt, um Ruhe ins eigene Rudel oder in eine zufällig zusammengewürfelte Gruppe zu bringen.

Hinlegen signalisiert auch, dass ein Spiel zu wild ist und man es daher beenden möchte. Souveräne Hunde verwenden das Hinlegen zudem, um einen unsicheren Hund zu beruhigen. Es ist aber auch eine unterwürfige Haltung und wird benutzt, um ein »Halt! Stopp!« zu signalisieren. Vielleicht haben Sie selbst schon erlebt, dass Ihr Hund sich beim Spazierengehen an der Leine hingelegt hat, wenn ein anderer Hund ohne Leine auf ihn zugelaufen kam. Aus der niedrigen Position lässt sich nämlich alles überschaubar betrachten – und zudem besänftigt das die Lage. Ziehen Sie Ihren Hund in so einer Situation daher niemals weiter. Bleiben Sie entweder bei ihm stehen oder leiten Sie eine Alternative ein. Vielleicht einen Bogen (siehe ab Seite 156)?

Cooles Mädchen: Wenn es ihr zu viel wird, setzt sie sich hin und zeigt dem anderen dadurch auf höfliche Art: So weit und nicht weiter.

Dieser Pinscher könnte auch müde sein von einem lagen Spaziergnag. Vermutlich aber stresst ihn gerade etwas, und er versucht sich zu beruhigen.

Gähnen

Hunde gähnen wie wir Menschen, wenn sie müde sind. Sie gähnen aber auch – und zwar ganz besonders – in Stresssituationen oder wenn sie angespannt sind. Das soll dazu beitragen, Konflikte zu vermeiden und sich selbst zu beruhigen.

Wenn Ihr Hund morgens mit einer vollen Blase vor Ihnen steht, wird er höchstwahrscheinlich gähnen – nicht weil er auch noch müde ist, sondern um Ihnen damit zu verdeutlichen: »Mensch, steh jetzt endlich auf und lass mich raus.« Wenn Sie dann endlich vor der Türe stehen und überlegen, ob Sie alles eingepackt haben, wird Ihr Hund höchstwahrscheinlich wieder gähnen – um sich selbst zu beruhigen. Schließlich ist er aufgeregt, weil es gleich rausgeht.

Wenn ich meine Hunde allein zu Hause lassen muss, laufe ich vorher eine ordentliche Runde mit ihnen. Danach kann ich mich ruhigen Gewissens verabschieden. Es kann allerdings schon mal vorkommen, dass es in den Augen von Mädchen länger dauert, als ihr lieb ist, ehe ich mich wieder voll und ganz meinen Hunden widme. Dann gähnt sie nicht nur, sondern stöhnt und seufzt dabei auch noch mehr oder weniger auffällig. Ein kleines, leises »Wwoo« ist kaum aufdringlich und bittet mich förmlich darum, mich doch endlich zu beeilen. Hingegen soll mir ein lautes und deutliches Stöhnen mit weit aufgerissenem Gähnen sehr deutlich machen: »Mensch, Masih, mach hinne.«

Im Übrigen hat es eine starke Wirkung auf Hunde, wenn wir selbst gähnen – genauso wie es auf andere Zweibeiner ansteckend wirkt. Stellen Sie sich einen Menschen vor, der sich streckt und dabei weit den Mund aufreißt, befriedigend und erleichternd gähnt, dabei die Augen schließt und tief Luft holt. Und? Haben Sie bei der Vorstellung gegähnt? Ich schon.

»Wenn ich möchte, dass meine Hunde sich zu Hause entspannen, gähne ich manchmal demonstrativ. Das ist ein Zeichen, das sie sofort verstehen.«

Schnüffeln am Boden

Hunde sind Nasentiere und lieben neue Gerüche. Sie entdecken ihre Welt mit der Nase. Schnüffeln wird aber auch als Beschwichtigungssignal verwendet. Wenn der Mensch zum Beispiel wieder einmal etwas zu energisch den Rückruf verwendet, versucht der Hund ihn zu beruhigen, indem er kurz bevor er bei ihm ist, den Kopf abwendet und an einer bestimmten Stelle schnüffelt. Zweibeiner verstehen das oft falsch: Sie erkennen nicht, dass ihr Hund sie besänftigen und zur Entspannung beitragen will. Sie empfinden das Schnüffeln und »Herumgetrietschele« als Unart. Nicht selten ist der Ton beim nächsten »Komm!« daher noch einen Tick härter. Dabei will der Hund seinem Menschen doch nur Zeit geben, sich zu beruhigen. Und das ist doch ausgesprochen höflich, oder etwa nicht?

Ich hatte vor vielen Jahren eine Klientin. Mit ihrem Hund Bobby, einem kurzbeinigen Wuschel, hatte ich bereits einige Male trainiert und kannte ihn mittlerweile recht gut. Sein Frauchen war spezieller: Sie war sehr genau, eigentlich mit allem, und hielt sich strikt an alle Absprachen. Sie war sehr nett, aber auch etwas anstrengend. Denn sie hatte ihre ganz eigenen, klaren Vorstellungen und ließ sich allgemein schwer von neuen Dingen überzeugen.

»Beschwichtigung ist der Weg des Hundes, sich höflich zu benehmen. Es wäre überaus unhöflich, nicht angemessen auf sie zu reagieren.«

Eines Abends rief mich die Frau unterwegs an und bat mich um Hilfe. Bobby würde sein Geschäft nicht erledigen, und nun hätte sie überlegt, einen Arzt zu konsultieren. Ihre Wohnung lag auf dem Weg, und so fuhr ich schnell bei ihr vorbei und bat sie, eine halbe Stunde mit mir und Bobby spazieren zu gehen und zu schauen, was passierte. Ich erinnere mich noch, dass es wie aus Eimern regnete und dass sie dazu eigentlich überhaupt keine Lust hatte. Aber schließlich hatte sie mich um Hilfe gebeten. Daher zog sie sich widerwillig an und kam mit nach draußen. Bereits an einem der ersten Bäume erledigte Bobby seine Notdurft. Wir drehten um und gingen zurück. Was war geschehen?

Hunde sind Nasentiere. Sie schnuppern aber nicht nur nach Informationen, wie hier mein Liselchen, sondern auch, um sich und andere zu besänftigen, wie dieser Schäfermix.

Die gute Frau stresste ihren Hund wegen des Regens so sehr, dass der, anstatt sich zu erleichtern, mit nichts anderem beschäftigt war, als sie zu beschwichtigen. Deshalb schnüffelte er wie verrückt herum. Sein Frauchen empfand dies als Trotz. Sie dachte, Bobby wollte ihr damit verdeutlichen, dass er bei dem Wetter keine Lust hätte rauszugehen. Was wiederum sie sauer werden ließ. Und so begann ein unglücklicher Kreislauf … Zum Glück vertraute sie mir und ließ sich eines Besseren belehren. Geduld ist eine Tugend, auch bei Regen.

Splitten

Hunde sind Rudeltiere – und als solche helfen sie sich mitunter gegenseitig »aus der Patsche«. Beim Splitten zum Beispiel schaltet sich ein dritter ein, trennt im Gedränge die (vermeintlichen) Kontrahenten und verhindert so weitere Konflikte. Es hilft aber auch sehr, wenn es zwei oder mehrere Hunde zu wild treiben und die Spannung sich immer weiter aufbaut.

Mein Mädchen zum Beispiel ist beim Splitten sehr beeindruckend in ihrer Haltung. Sie geht dann sehr hochbeinig und eindringlich in die Mitte des Sichtfelds und drängt sich zwischen die Streithähne. Auch Sie selbst können übrigens eine kurze Auszeit verlangen und dafür zwei Hunde splitten. Dabei gehen Sie bewusst und trennend zwischen die Parteien und schaffen Raum und Platz (mehr dazu ab Seite 156).

Es gibt Hunde, die auch dann zu splitten versuchen, wenn zwei Menschen sich näherkommen und zum Beispiel auf der Couch sehr eng nebeneinandersitzen oder sich streiten. Wir Menschen interpretieren das oft als Eifersucht und sehen dem Hund sein Verhalten daher liebevoll nach, auch wenn es uns stört. Besser wäre, ihm auf ruhige Art zu zeigen, dass es nicht seine Aufgabe ist, die Situation zu ändern – indem man sich freundlich, aber bestimmt etwas Platz verschafft und dann mit etwas langsamer weitermacht.

Mädchen: *Wenn es auf der Hundewiese Zwist gibt, stellt sich Mädchen oft deeskalierend dazwischen.*

Masih: *Sind wir zusammen unterwegs, übernehme auch mal ich das Splitten und trenne die Hunde.*

Pfoteheben

Wenn zwei Hunde einen Bogen umeinander geschlagen haben und sich irgendwann gegenseitig am Hintern oder an den Mundwinkeln beriechen, heben sie dabei meist eine Pfote. Auch das ist eine beschwichtigende Geste. Mitunter heben Hunde auch eine Pfote, wenn ihr Mensch sie in leichte Bedrängnis bringt, so wie beim Geschirr-Anziehen. Das geht dann mit Pföteln, eingeknickten Hinterläufen und einer nach hinten verlagerten Körperhaltung einher. Das Pfoteheben kann aber auch eine Aufforderung sein. Auf jeden Fall signalisiert es

»Die Pfote zu heben ist nicht aufdringlich gemeint, sondern eine höfliche Geste.«

eine friedliche Absicht oder ein Unbehagen, ist also nie ein Zeichen von Aufdringlichkeit. Aber keine Sorge: Wenn Sie auf der Couch liegen und Ihr Hund an Ihnen hochkrabbelt, an Ihrem Gesicht schnuppert und sie kurz ableckt, seine Pfote dabei aber eingeknickt ist, bedeutet das nicht, dass er gerade einen Konflikt in sich austrägt und eigentlich gar keine Lust hat, zu kuscheln. Er zeigt einfach eine beschwichtigende Geste – wenn Sie so wollen, als Zeichen des Friedens: Alles okay.

Markieren

Hunde markieren mit Urin nicht nur ihr Revier, manchmal pinkeln sie auch, um sich zu beruhigen oder eine Art Visitenkarte oder Steckbrief zu hinterlassen: »Hallo, Leute, ich bin Hennes und bin vier Jahre alt.« Das heißt aber nicht, dass hinter jedem Pinkeln eine Absicht steckt. Hund lösen sich und markieren auch einfach mal so. Es gilt also wieder einmal das gesamte Erscheinungsbild zu betrachten.

Zuweilen tritt das Phänomen sogar in der Gruppe auf: Alle pinkeln dann auf die gleiche Stelle. Dabei ist nicht entscheidend, wer zuerst pinkelt. Die Reihenfolge sagt nichts über die Hierarchie in der Gruppe oder Ähnliches aus. Ich kann mich erinnern, dass wir früher auf Partys meistens auch zu mehreren auf die Toilette gegangen sind. Man unterhielt sich, plante den weiteren Verlauf des Abends und, und, und … So oder so ähnlich stelle ich mir das bei den Hunden vor.

Lächeln

Ich habe es eben schon erwähnt: Hunde können lächeln – auch wenn dies manches Mal als Zähnefletschen fehlgedeutet wird (siehe auch Seite 47). Doch im Gegensatz zu diesem ist das breite Lächeln keine Drohgebärde, sondern soll als Beschwichtigungssignal dienen. Beachten Sie daher auch hier das Gesamtbild des Hundes. Ist der Körper entspannt und flexibel? Der Blick wenig fixierend? Sind die Augen vielleicht sogar leicht geschlossen? »Wedelt« nicht nur die Rute, sondern sozusagen der ganze Hund? Das alles sind Anzeichen dafür, dass er freundliche Absichten hat.

Bei Wölfen findet man diesen Gesichtsausdruck übrigens nicht, was eines der vielen Zeichen dafür ist, wie gut sich der Hund im Laufe der Evolution an seine zweibeinigen Gefährten angepasst hat. Dafür spricht auch, dass Hunde ihr Lächeln nur in Kontakt mit Menschen aufsetzen, nicht unter Artgenossen. Es wird häufig bei der Begrüßung oder im Zuge der Spielaufforderung aufgesetzt.

Geglättetes Gesicht

Dieser infantile Ausdruck dient ebenfalls der Beschwichtigung: Der Hund legt die Ohren an, wodurch die Haut im Gesicht nach hinten gezogen wird, während die Augen sich vergrößern. Insgesamt erscheint der Anblick kindlicher. Dieses Beschwichtigungssignal zeigt übrigens gut, dass sich nicht alle Rassen der gleichen Mittel bedienen: Bei eher faltigen Hunden wie dem Shar-Pei werden Sie diesen Ausdruck sicher vergeblich suchen, während man ihn bei Hunden mit weniger Falten und kurzem Fell häufiger sieht.

Übersprunghandlung

Mit dieser Handlung zeigen Hunde, dass sie eigentlich gerade mit ganz anderen Dingen beschäftigt sind und sich deshalb einen Augenblick nicht ganz klar darüber sind, was zu tun ist beziehungsweise was von ihnen erwartet wird. Sie schnappen sich deshalb zum Beispiel das nächstbeste Stöckchen und kauen daran herum. Oder sie springen an einem hoch. Fast hat man den Eindruck, die wüssten nicht genau, wohin mit sich. Typische Beispiele sind neben dem Anspringen und Auf-einem-Stöckchen-Herumkauen auch Sich-Kratzen und Sich-Schütteln. Tatsächlich verschafft die Übersprunghandlung dem Hund etwas Zeit und Luft, um zu überlegen, wie es weitergehen soll.

Eine Übersprunghandlung lässt sich auch daran erkennen, dass sie in keinerlei ersichtlichem Kontext zur vorherigen oder nachfolgenden Handlung steht. Und nur um eventuelle Missverständnisse gleich im Keim zu ersticken: Nein, er tut es nicht, um Sie zu ärgern. Oder weil er ein schlechtes Gewissen hat. Wenn wir ehrlich sind, machen wir Menschen es doch oft ganz ähnlich. Ich kenne beispielsweise einige, die automatisch zur Zigarette greifen, wenn sie das Gefühl haben, etwas machen zu müssen, aber nicht genau wissen was.

Stöckchenkauen verschafft dem Hund Zeit, sich zu orientieren – und außerdem sich zu beruhigen. Deshalb ist es eine unter Hunden hoch geschätzte Taktik, wenn es vermeintlich Ärger gibt.

WELCHE STRATEGIE IST AM ERFOLGVERSPRECHENDSTEN?

Nicht alle Hunde verwenden die gleichen Beschwichtigungssignale. Welches Signal ein Hund einsetzt, hängt von der Situation ganz genauso ab wie von seinem Naturell, ja sogar von seiner Rasse.

Durch bestimmte Rassemerkmale wie eine lange Behaarung, ein kupierter Schwanz oder eine verkürzte beziehungsweise faltenreiche Nase werden bestimmte Hunderassen in ihrer Ausdrucksmöglichkeit stark eingeschränkt. Wenn das Gesicht zum Beispiel besonders behaart und die Augen verdeckt sind, ist es effektiver, den Kopf abzuwenden oder sich übers Maul zu lecken, als mit dem Blick sein Befinden zu signalisieren. Genauso ist es Hunden mit platter Schnauze oder mit vielen Falten im Gesicht nur eingeschränkt möglich, feine Details über die Mimik zu senden. Ein Mops hat somit ganz andere Möglichkeiten (und Grenzen) sich auszudrücken als ein Spitz oder ein Dalmatiner. Und so wird für ihn die Kommunikation sicher erfolgreicher sein, wenn er mit dem ganzen Körper Signale aussendet, nicht nur mit dem Gesicht. So lässt sich effektiv und schnell kommunizieren, und Missverständnisse, die leicht einmal den ein oder anderen Konflikt nach sich ziehen, lassen sich vermeiden.

»Hunde lernen aus Erfolg. Sie setzen daher bevorzugt die Signale ein, bei denen sie erfahren haben, dass sie sie weiterbringen.«

Genauso wird ein Bobtail beim Blinzeln sicher weniger Erfolg haben als ein weniger stark behaarter Hund – und daher ebenfalls Signale bevorzugen, die ihm erfolgversprechender erscheinen. Bei uns Menschen ist es doch nicht anders: Wenn wir ein Bedürfnis haben, dann äußern wir dieses im Rahmen der uns gegebenen Möglichkeiten. Das bedeutet für den Shar-Pei-Besitzer: Achten Sie weniger auf die Mimik Ihres Hundes, sondern lieber verstärkt auf seine restlichen Körpersignale.

Gerade wegen der vielfältigen Ausdrucksweisen und der mitunter kaum merklichen Signale ist es wichtig, dass Sie Ihren Hund früh »schulen« und ihm dabei auch die Vielfalt an Hunden näherbringen, die er im Lauf seines Lebens voraussichtlich treffen wird. Suchen Sie also gezielt den Kontakt zu anderen, höflichen Hunden und Menschen. Auch Ihr Vierbeiner lernt seine Artgenossen mit all ihren Ecken und Kanten kennen und erkennt mit der Zeit, was in der Regel erlaubt ist, was gerade noch so durchgeht und wo die Grenzen im Umgang miteinander liegen. Das prägt den Charakter eines Hundes ganz wesentlich. Für Sie selbst ist die Hundewiese ebenfalls ein toller Ort für eine kurze Unterrichtsstunde in Sachen Hundekommunikation. Schauen Sie genau hin und »hören« Sie zu, was die Vierbeiner sich zu erzählen haben. Ganz wichtig: Scheuen Sie sich nicht einzuschreiten, wenn jemand die höflichen Hunderegeln missachtet und die (N)Etikette überstrapaziert. Das ist Ihrem Hund gegenüber nur höflich, weil es ihm eine Menge Stress erspart. Und die Bindung stärkt es auch noch, weil Ihr Hund merkt, dass Sie für seine Sicherheit sorgen.

Langhaar, Kurzhaar? Bestimmte Rassemerkmale schränken Hunde mehr oder weniger stark in Mimik und Gestik ein. Umso wichtiger ist es, dass sie von jung an viele souveräne Artgenossen kennenlernen dürfen – und damit die Vielfalt der Hundesprache.

BESCHWICHTIGUNGSSIGNALE IM ALLTAG

Vor vielen Jahren lernte ich im Kölner Stadtwald eine Frau kennen. Sie war stets mit drei Hunden unterwegs, und ich schloss mich der kleinen Truppe manchmal an. Einer ihrer Hunde, eine Ridgeback-Hündin namens Nala, war sehr sensibel und in bestimmten Situationen höchst impulsiv. Es schien in diesen Momenten dann, als hätte sie keinerlei Kontrolle mehr über sich. Und erst recht hatte Nalas Frauchen keinerlei Kontrolle mehr über sie.

Andere Hundehalter bezeichneten Nala häufig als Zicke, weil sie sich vor allem gegenüber fremden Hunden total »danebenbenahm«. Ihr Frauchen hielt es schließlich nicht mehr aus und besuchte eine Hundeschule mit ihr.

Damals war es selbst unter Fachleuten noch nicht sehr weit verbreitet, sich mit der feinen Körpersprache des Hundes auseinanderzusetzen. Stattdessen wurde auffälliges und unerwünschtes Verhalten auf altmodische Art »behandelt«: Das Fehlverhalten des Hundes wurde bestraft, indem man ordentlich an der Leine ruckte, den Hund am Nacken packte oder ihn zu Boden zwang und auf die Seite warf. Der Hund sollte dadurch zum einen erkennen, dass er sich nicht richtig benahm, zum anderen, dass der Mensch ranghöher stand und er sich deswegen unterwerfen und das tun sollte, was sein Herrchen oder Frauchen von ihm erwartete. Man bezeichnet diese Methode als aversives Training. Und so altmodisch das heute auch klingen mag: Es waren Leitsätze, die jeden frustrierten Hundehalter zufriedenstellten.

Zum Glück haben die meisten Hundetrainer mittlerweile erkannt, dass Abschreckung und andere unangenehme Reize nicht der richtige Weg sind, dem Hund ein unerwünschtes Verhalten abzugewöhnen. Sie stressen und verunsichern ihn vielmehr nur noch zusätzlich und sind eine weitere Hürde auf dem Weg zu mehr Souveränität. Man erreicht mit ihnen genau das Gegenteil.

IMPULSKONTROLLE

Hunde können lernen, ihre Impulse zu kontrollieren. Das bedarf jedoch einiger Übung und ist für die Tiere ziemlich anstrengend – vor allem, wenn sich bestimmte Verhaltensweisen schon vor längerer Zeit eingeschlichen und entsprechend etabliert haben. Verlangen Sie nicht zu viel auf einmal und motivieren Sie Ihren Vierbeiner artgerecht, bis er begreift, dass es auch für ihn entspannter ist, wenn er anders reagiert.

Auch Nalas Trainer war damals zumindest schon etwas weiter. Und so erzählte mir meine Bekannte, was er am Ende der ersten Unterrichtsstunde zu ihr gesagt hatte: Sie können eine gelungene Korrektur daran erkennen, dass sich der Hund über die Nase leckt.

Ich muss zugeben: Auch ich wusste damals noch nichts über Beschwichtigungssignale. Und was der Trainer sagte, erschien mir erst einmal nicht schlüssig. Ich hatte zwar schon öfter bemerkt, dass Hunde sich relativ häufig über die Nase lecken. Aber ich hatte dieses Verhalten bisher eher mit Konfliktsituationen in Verbindung gebracht. Ab nun jedoch beobachtete ich meine Hunde genauer und sah, dass sie sich sowohl in der Interaktion mit Hunden als auch mit uns Menschen immer wieder über die Nase leckten. Ich stellte mit der Zeit auch fest, dass sie das immer dann taten, wenn ich etwas für sie Unangenehmes machte – zum Beispiel eine Zecke entfernen. Genau genommen leckten sie sich schon beim Anblick der Zeckenzange über die Nase.

> »Wenn sich Ihr Hund über die Nase leckt, wenn Sie ihn schimpfen, heißt das nicht, dass er verstanden hat, was Sie von ihm wollen. Er will damit besänftigen.«

Wenn einer der Hunde beim Gassigehen gemächlich hinter mir herschlurfte, ich den Spaziergang aber etwas zügiger angehen wollte und ihn deshalb zu mehr Bewegung anfeuerte, leckte er sich auch über den Fang. Genauso beobachtete ich dieses Verhalten aber zum Beispiel, wenn sich zwei Hunde ein wenig in die Wolle zu kriegen schienen. Irgendwann fiel es mir wie Schuppen vor den Augen: Die Hunde leckten sich in Konfliktsituationen ganz bewusst über die Nase. Und dieses Züngeln sollte den Gegner ganz offensichtlich besänftigen – egal ob es kleine oder große kritische Situationen zu managen galt. Und egal ob das Züngen vorbeugend oder nachträglich gezeigt wurde. Ich bemerkte sogar, dass sich mein Hund nach einer ausgiebigen Liebkosung über den Fang leckte. Ich hatte dabei allerdings nicht das Gefühl, als müsse er mich besänftigen. Eher wollte er die Situation damit freundlich beenden – ohne mich in irgendeiner Weise versehentlich zu provozieren oder vor den Kopf zu stoßen.

Züngeln heißt nicht »Hab' verstanden«, sondern eher »Sei bitte nicht so streng mit mir«.

Und Nala? Sie empfand die Art, wie man in der Hundeschule mit ihr umging, ganz offensichtlich ebenfalls als beschwichtigungswürdig. Wen wundert es, dass so ein sensibler Charakter bei einem derart schroffen Ton zu besänftigen versucht. Doch was geschah: Sie wurde bei Fehlverhalten weiter sanktioniert. Dass so ein »Training« keinen Erfolg haben kann, ist klar: Weil die Beschwichtigungssignale, die Nala ihrem Frauchen sandte, nicht als solche erkannt wurden und die Frau (unfreiwillig) nichts unternahm, um die Situation zu entspannen, musste Nala sich eben selbst helfen. Und das tat sie, indem sie sich den anderen Hunden gegenüber aggressiv verhielt.

Die weitaus größere Tragödie aber war, dass sie infolge dieser Fehlkommunikation das Vertrauen verloren hatte – das zu ihrem Menschen, aber auch das in die eigene Fähigkeit, Konflikte friedlich zu lösen. Sie hatte schließlich nie erfahren dürfen, dass ihr beschwichtigendes Verhalten irgendwie zum Ziel führte und eine friedliche Lösung fand.

DIE GEHEIMEN CODES IHRES HUNDES

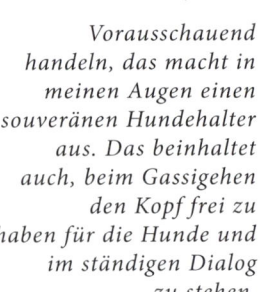

Vorausschauend handeln, das macht in meinen Augen einen souveränen Hundehalter aus. Das beinhaltet auch, beim Gassigehen den Kopf frei zu haben für die Hunde und im ständigen Dialog zu stehen.

Genau darum aber geht es. Wer friedlich und mit Bedacht Konflikte managt, schützt sich selbst. Der Hund teilt sich mit. Nur wenn wir genau hinschauen und auf die Feinheiten achten, ohne dabei das große Ganze aus den Augen zu verlieren, können wir auch entsprechend handeln. Und das hilft unseren Hunden, sich in unserer Menschenwelt zurechtzufinden und sich zu souveränen Partnern zu entwickeln.

Ich habe es schon gesagt: Das, was uns am Verhalten unserer Hunde stört, ist lediglich die Spitze des Eisbergs. Und wenn man daher nur daran arbeitet, scheitert man fast immer. Stellen Sie sich einmal vor, Sie hätten einen weinenden Säugling auf dem Arm. Wie ließe er sich beruhigen? Vermutlich würden Sie versuchen herauszufinden, warum das Baby so weint: Hat es Hunger? Ist es müde? Hat es Bauchschmerzen, oder ist die Windel voll? Doch manchmal hilft alles nichts, und das Baby weint einfach weiter. Die Eltern sind dann oft so mit den Nerven runter, dass sie das Baby ins Bettchen legen und einfach schreien lassen – in der Hoffnung, es würde dadurch lernen, dass es gar keinen Grund gibt, sich so aufzuregen. Schließlich empfehlen doch auch manche »Experten«, man würde das Schreien noch verstärken, wenn man dem Kind Aufmerksamkeit schenkt. Dabei ist doch genau das Gegenteil der Fall! Nur wenn Babys Nähe und Sicherheit erfahren, können sie lernen, Krisen zu bewältigen. Ganz ähnlich war es bei Nala. Sie war eine Einzelgängerin, die zu selten im Konfliktmanagement unterrichtet wurde – und ihr Frauchen war von ähnlichem Schlag. Was Nala gebraucht hätte, wären Struktur und Sicherheit durch klare Signale gewesen. Stattdessen bekam sie einen Ast an die Brust, immer wenn sie sich in den Augen der Frau oder des Trainers falsch verhielt.

Zuhauf bekam (und bekomme) ich mit, dass Menschen so mit ihren Hunden umgehen. Und genauso oft sah (und sehe) ich, dass es nichts bringt. Sicher, es ist nicht immer einfach, höflich mit Hunden umzugehen. Es erfordert viele wichtige Fähigkeiten. Geduld und Selbstreflexion sind zwei der wichtigsten – doch oft verfügen wir gerade über diese beiden Eigenschaft am wenigsten. Doch nur wenn wir geduldig sind, uns ständig fordern und fördern, schaffen wir den Raum, den es braucht, um unsere Hunde zu verstehen. Ihre feinen Signale sagen dann viel aus und erinnern uns immer wieder daran, höflich zu sein. Wenn wir ihre Signale unbeachtet lassen, erschwert das nicht nur die gemeinsame Kommunikation, sondern behindert auch die Entwicklung unserer Vierbeiner.

Unbedachtes Handeln hat weit reichende Folgen

Das zeigte mir auch folgendes Beispiel: Ich trainierte einmal den Hund eines Mannes – etwa Mitte vierzig, kräftig gebaut. Alles in allem hatte er eine imposante Ausstrahlung, und ich hatte den Eindruck, dass er sich dessen auch durchaus bewusst war und ihm diese Außenwirkung auch gut gefiel. Er kam mit einem großen Dobermann-Mix zu mir, damit ich seinem Hund »den Wahnsinn austreibe«.

Wie immer wollte ich mir zunächst ein Bild von dem Gespann machen. Dabei bemerkte ich schnell die äußerst dominante Ausstrahlung des Mannes und den fast herrischen Umgangston mit seiner Umwelt. Er hatte klare Ansichten – und die wollte er um jeden Preis von mir bestätigt wissen. Schließlich bezahlte er ja für den Unterricht. Ich bat darum, die beiden bei einem Spaziergang begleiten zu dürfen. Ich wollte sehen, was genau zwischen Hund und Halter nicht lief. Und es gab eine Menge zu beobachten: Sein Vierbeiner reagierte deutlich auf andere Hunde. Je aktiver der entgegenkommende Artgenosse war, desto energischer reagierte der Dobermann-Mix. Es schien, als wüsste er nichts mit sich anzufangen, und dadurch wirkte er ziemlich unsouverän. Es wurde schnell deutlich, wo die Probleme lagen. Also holte ich mein Handy heraus und begann, die beiden zu filmen …

Nach dem Spaziergang zog ich mein Fazit und konfrontierte den Mann mit meinen Beobachtungen: In aller Höflichkeit machte ich ihm deutlich, welche Ausstrahlung er selbst hatte und welche sein Hund. Der wirkte nämlich trotz seiner drei Jahre ziemlich infantil und unbeholfen. Ich zeigte ihm die Aufnahmen und wies vor allem auf eines hin: Kurz bevor sein leinenaggressiver Hund zur Attacke gegen andere Hunde ansetzte, sprang er jedes Mal zur Seite. Und davor schaute er immer kurz zu seinem Herrchen auf, zog die Pfote hoch, leckte sich über die Nase, blinzelte deutlich oder legte die Ohren an, und er duckte sich weg. Das waren eindeutig Beschwichtigungssignale!

Ich fragte meinen Klienten, welche Trainingsmethoden er zuvor angewendet hatte. Er erzählte mir, dass er versucht hatte, seinen Hund mit einem Tritt zur Seite zur Räson zu bringen. Doch das gute Tier sei einfach zu clever, spränge von ihm weg und ließe sich nicht korrigieren. Ich war erschrocken über diesen rüden Umgang. Mit seiner strengen Haltung und seiner aggressiven Politik nahm der Mann seinem noch jungen Hund jegliches Selbstbewusstsein. Ich erklärte ihm, dass sich die Situation noch verschlimmern würde, wenn er nicht an sich arbeite. Sein Hund war von ihm eingeschüchtert. Er war kein selbstbewusster Dobermann, und deshalb reagierte er anderen Hunden gegenüber vorbeugend aggressiv. Ganz nach dem Motto: Komm mir nur nicht zu nahe. Um dem Einhalt zu gebieten, schüchterte der Mann ihn noch mehr ein. Was für ein Irrweg …

Unsere Handlungen können Auswirkungen haben, für die wir später entweder selbst bezahlen oder unsere Umwelt zahlen lassen. Deshalb sollten wir erst nachdenken und dann entscheiden. Vergessen Sie nicht mein »Mantra«: Ruhe bewahren, visualisieren und dann erst handeln.

Wie nett, ein »Jugendfoto« von Mädchen und mir!

Umkonditionieren statt ignorieren

Ich wurde einmal von einer jungen Familie um Hilfe gebeten, die gerade einen Hund aus Spanien zu sich geholt hatte. Ein wunderschöner Rüde mit rostbraunem Fell und hellen Augen. Er war ein Wildfang und neigte in seiner leichten Unsicherheit schnell zu Übersprunghandlungen. Man rief mich, weil der Hund den Sohn der Familie, ein Teenager, der selbst ein sehr aktives Verhalten aufzeigte, anbellte und anknurrte.

Schon als ich das erste Mal die Wohnung betrat, stand ich unter Beobachtung: Der Hund analysierte mich mit durchdringendem Blick schon von Weitem. Ich registrierte das und ließ ihm den Raum, sich zu vergewissern. Ich schaute ihn nicht an und befasste mich nur mit dem Rest der Familie. Man lud mich ein, im Esszimmer einen Kaffee zu trinken. Dort erzählte man mir, dass der Hund erst seit Kurzem hier lebe und schon von den Vermittlern als leicht problematisch beschrieben wurde. Tatsächlich sei er vor allem in Bezug auf Kinder anfällig für Scheinattacken, und laute, tobende Kinder seien für ihn ganz offensichtlich der reine Horror. Er hätte zwar noch niemandem wirklich etwas getan. Aber sein Verhalten wäre schon unangenehm – auch für ihn selbst.

Während die Mutter der Familie mir alles sehr detailliert beschrieb, kam endlich auch der Sohn der Familie aus seinem Zimmer. Er lief laut trampelnd die Treppe herunter und hangelte sich ans Ende des Handlaufs, um Schwung in unsere Richtung zu nehmen.

Der Hund, der ein Zimmer weiter auf seinem Platz lag, sprang auf und bellte mit hoher Stimme. Anschließend kam er an die Türschwelle zum Esszimmer und hielt kurz seine Nase hinein. Dabei waren seine Ohren angelegt, seine Rute leicht eingezogen, die Hinterläufe waren eingeknickt, und eine Vorderpfote war eingezogen. Als er zu Ende gerochen hatte, züngelte er kurz und wendete sich dann ab, um wieder auf seinen Platz zu trotten. Alles, was ich wahrnahm, war somit auf ein Ziel ausgerichtet: Beschwichtigung.

Spielerisch klappt Lernen am besten. Mit strenger Miene und lauter Stimme verunsichert man Hunde nur unnötig.

Die Eltern machten kein Geheimnis daraus, dass sie sich überfordert fühlten. Sie trauten sich zum Beispiel nicht, den Hund ohne Leine laufen zu lassen. Was wäre, wenn plötzlich jemand auftauchen würde und der Hund sich dann so benähme? Sie wollten sich selbst, ihrem Vierbeiner und anderen unbedingt Ärger ersparen. Doch sie wüssten einfach nicht, was genau sie dazu machen sollten. Sie hatten so viel gehört und in den vergangenen Wochen und Monaten auch schon so viel ausprobiert. Doch nichts war erfolgreich. Sie hatten sich überall Rat geholt und wussten nun nicht mehr, was das Richtige sei: Die einen hatten ihnen gesagt, dass der Hund Dominanzverhalten zeige, die anderen, dass er sich nur ausprobieren würde. Im einen Fall sollte man den Hund nichts bestimmen lassen, im anderen Fall sollte man ihn ignorieren. Die Familie hatte ihren Hund an der kurzen Leine geführt, damit er nicht vorlaufen und den Weg bestimmen konnte. Sie hatten ihn zu Hause immer mehr eingeschränkt, sodass er bald nur noch auf seinem Platz sein durfte. Besonders tragisch war, so erzählten sie mir, als ihnen empfohlen wurde, mit einer Wurfkette zu arbeiten und diese zu werfen, sobald der Hund zu einer Scheinattacke ansetzt. Dass diese Maßnahme nichts brachte und stattdessen das Verhalten sogar noch verschlimmerte, muss ich Ihnen vermutlich nicht mehr sagen. Das »unerhörte« Verhalten des Hundes war die logische Konsequenz dieser mit wenig Empathie bestückten Reaktion.

Ich erklärte den Leuten, dass ihr Hund völlig verunsichert sei und dass energische Impulse wie ein schnell vorbeifahrendes Rad oder laut laufende Kinder ihn triggern würden: Er bringt den an sich neutralen Reiz (Rad, Kind) mit einem bestimmten Ereignis in Verbindung. Und weil er erfahren hat, dass dieses Ereignis immer wieder eintritt, reagiert er mittlerweile schon auf den bloßen Reiz mit dem entsprechenden Verhalten. Er wurde also im negativen Sinne konditioniert und könnte gar nicht anders. Doch genau dort könne man ansetzen …

Ich erteilte der Familie Unterricht in Verhalten und Körpersprache. Erklärte ihnen die Beschwichtigungssignale und welche Möglichkeiten ihr Hund hätte, um sich mitzuteilen. Vor allem aber, wie sie das impulsive Verhalten rechtzeitig umleiten könnte. Zuerst einmal aber musste der Hund neu konditioniert werden. Dazu zeigte ich ihm, dass es nichts Schlimmes bedeutet, wenn sich ein Mensch schnell bewegt. Zunächst lockte ich ihn in aller Höflichkeit an: Ich saß im Schneidersitz auf dem Boden, blickte leicht weg und streckte meine Hand in seine Richtung. Damit ließ ich ihm den Raum, sich frei auf mich zuzubewegen. Als er zu dieser Haltung Vertrauen gefunden hatte, bewegte ich meine Hand in seine Richtung, um ihm ein tolles Leckerli anzubieten. Als er auch hierbei kein Unbehagen mehr empfand, fing ich an zu sprechen – nach und nach immer lauter. Genauso bewegte ich meine Hand mit der Zeit immer schneller auf ihn zu …

Wenn es ihm zu viel wurde und er mir das durch Züngeln und Kopf-Abwenden zeigte, nahm ich mich wieder mehr zurück. Dadurch gab ich ihm zu verstehen, dass ich ihn verstanden hatte, seine Beschwichtigungssignale also durchaus erfolgreich sein konnten. Ich gönnte ihm diesen Erfolg so häufig wie möglich – bis er schließlich selbst daran glaubte. Er musste nicht mehr angreifen oder weglaufen. Stattdessen konnte er einfach »sagen«, dass es ihm zu viel war. Und er wurde verstanden. Ein Meilenstein!

Nach wenigen Wochen konnte ich laut trampelnd auf ihn zulaufen, ohne dass er aufschrak. Er freute sich regelrecht, wenn man zügig auf ihn zuging, und kam einem sogar einen Schritt entgegen. Zwar war er immer noch vorsichtig, aber es war kein Vergleich zu früher.

Gemeinsam mit der Familie »mistete« ich gründlich aus, und wir verabschiedeten alle unnötigen Grenzen, Regeln und Kommandos. Es war deutlich zu spüren, welche Erleichterung alle dabei empfanden. Kein Wunder, schließlich mussten sie sich bis dahin selbst ständig dazu zwingen, diese Grenzen und Regeln aufrechtzuerhalten. Das kostete sie viel Zeit und Mühe. Doch erst jetzt durften sie endlich lernen, wie sie Konfliktsituationen managen konnten.

Positives Verhalten stärken

Ich habe einmal gelesen, dass ein Baby in den ersten sechs bis sieben Lebensmonaten noch nicht verwöhnt werden kann. Ganz einfach weil ihm der Zusammenhang zwischen Ursache und Wirkung noch gar nicht bewusst ist. Wenn ein Baby weint, ist das also nicht der Versuch, die Weltherrschaft an sich zu reißen. Es ist einfach die einzige Möglichkeit, sein Unwohlsein zu äußern – und gehört zu werden. Ein Baby ist vollständig auf die Hilfe seiner Eltern angewiesen.

Ein selbstsicherer, souveräner Hund wie Mädchen kann sich auch mal »gehen lassen« und einfach nur abhängen.

Verantwortung übernehmen heißt auch, Verhaltensweisen, die einen stören, nicht einfach zu ignorieren, sondern liebevoll zu korrigieren. Das gilt fürs Fiepen im Restaurant genauso wie fürs Schlecht-an-der-Leine-Gehen. Auch meine Hunde mussten dieses übrigens erst lernen.

Untersuchungen zeigen, dass gerade diejenigen Kinder, die als Babys sofort getröstet wurden, wenn sie weinten, ein gesundes Urvertrauen entwickeln und später sogar weniger weinen als Kinder, die man schreien ließ – getreu dem Motto: einfach heulen lassen. Es soll schließlich merken, dass das nichts bringt. Bloß nicht hingehen, sonst wird es bestärkt. Irgendwie kommt mir das aus der Hundeszene bekannt vor. Stichwort: Ignorieren.

Ich glaube, dass man bei der Kindererziehung sehr von den eigenen Erfahrungen profitieren kann. Man war selbst schon Kind, ist eventuell denselben Herausforderungen des Lebens entgegengetreten oder stand vor ähnlichen Entscheidungen. Ich höre oft, dass Menschen, die von ihren eigenen Erfahrungen positiv reden, ihren Kindern ähnliche Werte mitgeben möchten. Wenn wir schlechte Erfahrungen machen, wollen wir unseren Kindern diese in der Regel ersparen und es besser machen. Wir wissen, was uns bei unseren Eltern gestört hat und was wir sicher niemals machen werden. Zudem sprechen wir die gleiche

Sprache. Doch wenn schon die Erziehung von Menschenkindern so kontrovers diskutiert wird, wie steht es dann erst um die Erziehung von Hunden? Fünf Fragen, fünf Meinungen.

Ich habe es eben angesprochen, das »Ignorieren«. Erst neulich saß ich in einem Restaurant in der Kölner Innenstadt, mir gegenüber eine Familie mit drei Kindern. Sie hatten einen kleinen Mischling dabei, der sichtlich unzufrieden mit seiner Situation war. Er wog höchstens acht Kilo und wollte nicht auf dem Fliesenboden sitzen. So zitterte er vor sich hin und fing allmählich an zu fiepen. Das Frauchen, das die Leine straff hielt, schaute kurz hin, schien sich dann aber daran zu erinnern, dass es den kleinen Mischling ja ignorieren wollte. Mein Interesse war geweckt: Der Frau war sichtlich unbehaglich, und ich war gespannt, was sie nun machen wollte. Der Hund kratzte an ihrem Bein und fiepte fleißig weiter – völlig unbeeindruckt davon, dass dieses »ignoriert« wurde. Nach ein paar weiteren Minuten zupfte sein Frauchen an der Leine und gab einen genervten Tschsch-Laut von sich. Weil auch das wenig brachte, ging die Frau aus Rücksicht auf die anderen Gäste schließlich mit dem Hund nach draußen.

Wenn einer meiner Hunde sich ganz offensichtlich unwohl fühlt, versuche ich ihm dabei zu helfen, besser mit der Situation klarzukommen. Ich sehe es als meine Aufgabe, seine Bedürfnisse möglichst artgerecht zu befriedigen. Schließlich sind unsere Hunde ebenfalls auf unsere Hilfe angewiesen – wie kleine Kinder. Wenn ich ein negatives Gefühl des Hundes durch eigenes negatives Verhalten verstärke (in diesem Fall durch Nichtbeachten), biete ich ihm keine Lösung.

Stellen Sie sich vor, Sie sitzen im Café und essen Kuchen. Die Bedienung kommt vorbei und reicht Ihnen auch noch eine Portion Schlagsahne dazu. Verbessert sich dadurch Ihre Situation? Ja! Nun kommt eine dicke Schmeißfliege angeflogen und lässt sich direkt auf Ihrem Kuchen nieder. Verbessert das Ihre Situation? Nein!

Oder andersherum: Sie hatten einen schweren Arbeitstag und werden zu Hause von Ihrem Partner oder Ihrer Partnerin liebevoll empfangen. Vielleicht hat er/sie auch schon den Haushalt gemacht und für Sie gekocht. Hebt das Ihre Laune? Ja! Aber was, wenn die Wohnung aussieht wie nach einem Tsunami und man Ihnen nur muffig entgegenblickt und vielleicht gerade mal ein desinteressiertes »Hi« herausquetscht?

Verstehen Sie, worauf ich hinausmöchte? Das Hinzufügen eines negativen Reizes bewirkt Negatives. Logisch – genauso wie das Hinzufügen eines positiven Reizes Positives bewirkt.

Viele meiner Klienten sind erleichtert, wenn Sie hören, dass man Angst nicht verstärkt, wenn man dem Hund Zuneigung schenkt. Ich habe selbst zwei Hunde aus Rumänien, die dort die Schwierigkeiten des Lebens und die rauen Gesetze der Straße kennenlernen mussten. Einer der beiden wurde mit einem Luftgewehr angeschossen, der andere hat Verbrennungen an den Vorderbeinen. Ich will mir gar nicht ausmalen, was sie sonst noch alles erlebt haben …

Die beiden kamen nur wenige Wochen vor dem Jahreswechsel zu mir. Mir war damals natürlich klar, dass sie geräuschempfindlich sein würden und der nicht mehr weit entfernte Silvesterabend ihnen daher wie ein Weltuntergang vorkommen würde. Es war aber einfach nicht mehr genug Zeit, um mit ihnen an ihrer Geräuschempfindlichkeit zu trainieren. Daher versuchte ich sie bis zum Jahreswechsel zumindest physisch und psychisch so zu stärken, dass sie weniger leiden müssten.

Ich integrierte sie in meinen Alltag, zeigte ihnen, dass Menschen nicht nur schlecht sind und sie sich bei mir sicher fühlen dürfen, weil ich jegliche Verantwortung für sie übernehme. Tatsächlich vertrauten mir die Hunde nach kurzer Zeit. Weil diese positive Entwicklung am Silvesterabend keinen Schaden leiden sollte, stellte ich mich zu Hause auf jede Eventualität ein: Ich besorgte besondere Knabberstangen, polsterte ihre Plätze mit dicken Kissen und Decken, ging am Nachmittag ausgiebig mit ihnen Gassi, damit sie müde waren. Dann legte ich leise Musik auf und wartete mit ihnen, bis der Feuerwerksunsinn losging. Zwar ist der ursprüngliche Gedanke, mit dem Lärm böse Geister zu vertreiben, kein schlechter, doch leider vertreibt man damit bei vielen Tieren (und einigen Menschen) auch jegliche Souveränität. Mein Ziel war daher, mich nicht aus der Ruhe bringen zu lassen. Ich war bereit, meinen Hunden zu helfen.

Als kurz vor Mitternacht die ersten Böller gezündet wurden, begannen die beiden zu zittern und suchten Schutz. Die gepolsterten Höhlen, die ich ihnen gebaut hatte, war ihnen scheinbar nicht genug. Sie liefen zu mir und drückten sich an mich. Als auch der enge Körperkontakt den Krach nicht minderte, rannten sie ins weiter entfernte Schlafzimmer. Ich ging ruhig hinter ihnen her und hob die Bettdecke an. Erleichtert sprangen die beiden aufs Bett. Gemeinsam verkrochen wir uns unter den dicken Daunen und kamen zur Ruhe. Mein Mädchen war sichtlich unbeeindruckt vom Krach. Ich glaube, sie hat nicht mal den Kopf gehoben. Gut für uns, anderenfalls wäre es nämlich unter der Decke ziemlich eng geworden.

Kurze Zeit später traf ich eine Klientin, die genau dasselbe Problem hatte. Ihr Papillon war immer kurz vor und nach dem Jahreswechsel extrem aufgebracht. Ich fragte sie, was sie am Silvesterabend mit ihm mache. Sie ignoriere ihn, weil sie sein Verhalten nicht noch bestätigen wolle, lautete ihre Antwort. Das hätte man ihr empfohlen. Wenn ihr Hund also ängstlich zu ihr käme und sich an ihr Bein drücke, würde sie ihn (wenn auch schweren Herzens) wegdrücken. Ich fragte sie, ob sich irgendetwas an der Situation verbessert, wenn sie ihren Hund ignoriert. Das Gegenteil war der Fall. Sie hatte sogar das Gefühl, dass der Hund noch Tage nach Silvester keinen Kontakt zu ihr aufnehmen wollte.

Liselchen und Mädchen, meine Kleinste und meine Größte. Beide haben mich anfangs vor ziemliche Herausforderungen gestellt. Aber dadurch sind wir umso stärker zusammengewachsen.

Stellen Sie sich einmal Folgendes vor: Ein kleines Kind hat einen Albtraum und ruft nach seinen Eltern. Die aber reagieren nicht. Das Kind läuft daraufhin ins elterliche Schlafzimmer, um Schutz und Trost zu suchen. Mama und Papa aber schicken es zurück in sein Bett. Undenkbar? Wieso? Man wollte es doch nur nicht in seinem Gefühl bestätigen. Sie merken, was das für ein Unsinn ist

Oder stellen Sie sich vor, eine Frau geht mit ihrem Partner spazieren. Es ist spät geworden, sie aber müssen noch durch einen dunklen Park. Ihr ist unwohl dabei, und sie hakt sich bei ihm ein. Er aber schiebt sie weg, weil er ihre Angst nicht noch bestärken möchte. Welche Auswirkungen wird das wohl auf die Beziehung der beiden haben?

Wir leben seit Tausenden von Jahren mit Hunden zusammen, haben sie nach unserer Fasson gestaltet und so in die Evolution eingegriffen, dass aus einem Wolf ein Chihuahua wurde. Dennoch wissen wir so wenig über diese Tiere – und das, was wir wissen, lässt sich so leicht falsch interpretieren. Natürlich kann man eine Situation überbewerten oder eine Erfahrung schlimmer darstellen, als sie tatsächlich ist. Kennen Sie Kinder, die jedes Mal, wenn sie hinfallen, erst einmal schauen, wie ihre Eltern reagieren, ehe sie zu weinen beginnen – oder eben nicht?

»Unsere Hunde orientieren sich immer an unserem eigenen Verhalten. Nur wenn wir selbst gelassen sind, können auch sie gelassen sein.«

Ich erlebe oft, dass sich eine an sich harmlose Konfliktsituation zwischen zwei Hunden zum Drama entwickelt, weil ihr Frauchen oder Herrchen überempfindlich reagieren. Im Kölner Stadtwald beispielsweise treffe ich häufig eine ältere Dame mit zwei kleinen Hunden. Immer wenn ich ihr begegne, hebt sie sichtlich aufgeregt ihre Hunde hoch und macht einen weiten Bogen um uns. Sie hat anscheinend Angst davor, ihre Hunde könnten zu Schaden kommen. Mit der Zeit wurden ihre beiden Vierbeiner immer unsouveräner und kläfften aus sicherer Höhe hysterisch zu uns herüber. Warum? Die Frau bewertete eine neutrale Situation derart negativ, dass auch ihre Hunde sie mit der Zeit als bedrohlich wahrnahmen.

DOPPELT BESETZTE INFORMATIONEN

Die Tatsache, dass Hunde Signale wie das Schwanzwedeln nicht immer nur zur Beschwichtigung einsetzen, stellt eine gewisse Herausforderung in der gelungenen Mensch-Hund-Kommunikation dar. Hunde nehmen beispielsweise die Vorderkörpertiefstellung auch ein, um sich zu strecken. Sie gähnen auch aus Müdigkeit, lecken sich die Nase, wenn sie gefressen haben, oder kratzen sich, weil sie etwas juckt. Sie kneifen die Augen zu, wenn sie müde sind, wenden den Kopf zur Seite, weil es so bequemer ist, und schlucken, einfach um zu schlucken …

Genau das ist der Grund, warum Sie ganz genau hinschauen und die Gesamtheit betrachten müssen. Jedes Mal wieder. Schenkt man einzelnen Aspekten zu viel Aufmerksamkeit, kann dies zu Fehlinterpretation führen – und damit zu Missverständnissen. Es handelt sich bei sehr vielen Zeichen Ihres Hundes nämlich um sogenannte doppelt belegte Signale. Und die können situationsabhängig ganz unterschiedliche Bedeutungen haben. Als mein Mädchen läufig war, machten ihr viele Rüden den Hof und versuchten sie auf jede erdenkliche Art zu bezirzen. Mädchen jedoch hatte wenig Lust auf die aufdringlichen Kerle und versuchte sie abzuwimmeln.

Wir waren in einer ruhigen Gegend unterwegs, als wir ein Pärchen mit seinem Retriever trafen. Er hatte schon von Weitem den betörenden Duft meiner Hündin in der Nase und lief geradewegs auf uns zu. Ich machte das Pärchen darauf aufmerksam, dass Mädchen läufig war. Sie erwiderten, dass ihr Rüde kastriert sei und einfach mal »Hallo« sagen wollte. Ich ließ daher den Kontakt zu, Mädchen würde schon mit ihm umzugehen wissen. Und tatsächlich: Als der Retriever näher kam, wurde sie steifbeinig, hob die Rute und stellte die Nackenhaare auf. Dabei züngelte sie kurz und wendete immer wieder den Hintern weg, sobald der Rüde an ihr riechen wollte. Der, geführt von seinem Trieb, reagierte jedoch nicht auf ihre Ablehnung. Deswegen ging Mädchen in die Vorderkörpertiefstellung und nutzte ihre Schnelligkeit aus. Das Pärchen wiederum verstand nicht, dass dies keine Spielaufforderung war, sondern freute sich, dass sein Hund endlich jemanden zum Spielen gefunden hatte. Weil es auch sein Vierbeiner immer noch nicht verstand oder verstehen wollte, kam Mädchen schließlich zu mir – und ich bat die beiden, ihren Hund anzuleinen. Dann verabschiedete ich mich.

Die Gesamtheit der Situation zeigte unmissverständlich, dass das kein Spiel war. Weil das Paar aber die Signale nur einzeln beobachtete, interpretierte es Mädchens Verhalten völlig falsch.

Wie aber kann man lernen, das Verhalten eines Hundes richtig zu deuten? Man lernt es, indem man sich nicht nur anschaut, was gerade passiert, sondern wo es passiert, mit wem es passiert und wie es passiert. Dann nämlich weiß man auch, warum es passiert. Bei uns Menschen ist es doch nicht anders. Wir können aus Scham lachen, aus Verlegenheit oder aus Freude. Wir können mit jemandem lachen oder über ihn. Lachen kann herablassend sein, aber auch einladend. Weil wir selbst immer wieder lachen, wissen wir es meist ziemlich genau einzuschätzen. Denn wir betrachten die gesamte Situation und sehen, wie das Lachen entstanden ist, in welcher Verbindung wir zu dem Lachenden stehen und welches Gefühl wir dabei haben. Genau diesen Kontext braucht es auch bei der Interpretation hündischen Verhaltens.

Schauen Sie genau hin

Wie oft aber wird beispielsweise die Spielaufforderung mit dem Beschwichtigungssignal der Vorderkörpertiefstellung verwechselt. Schauen Sie auf der Hundewiese einfach mal genauer hin: Ein Hund, der gejagt wird, obwohl er sich nicht dazu »angeboten« hat, wird sich häufig hinlegen, sich abwenden oder die Nähe der Menschen suchen, um die unbehagliche Situation aufzulösen. Fruchtet der Versuch, die Spielwütigen auf Abstand zu halten, nicht, wird der Hund wahrscheinlich versuchen, die anderen wegzuschnappen. Weil die Beschwichtigung erfolglos blieb, bleibt ihm nur die Flucht nach vorn. In der Fachsprache würde man sagen, der Hund hat zunächst versucht, den Konflikt mithilfe der Flight-Taktik zu lösen, es dann mit Flirt und Freeze versucht und ist, weil alles erfolglos blieb, schließlich zum Fight übergewechselt (siehe ab Seite 89).

Wie schnell eine Beschwichtigung missverstanden wird, zeigte mir auch die Reaktion auf ein Video, das ich zusammen mit dem WDR gedreht habe. Dabei ging es um eine Hündin, der ich die Leinenführigkeit beibrachte. Um genau zu sehen, was ich dabei mache, lief der Kameramann vor uns. Der Hündin war das schwarze, klobige Gerät unbekannt, sodass sie sich immer über den Fang leckte, wenn der

Kameramann nicht genügend Abstand zu uns hielt. Ich bat ihn, etwas Abstand zu halten und zu zoomen.

Als das Video im Fernsehen gesendet und online gestellt wurde, schrieben einige Zuschauer in den sozialen Medien, dass der Hündin deutlich anzusehen gewesen sei, dass sie sich bei meiner Übung unwohl fühlt. Dass die Hündin das Signal immer nur dann zeigte, wenn sie auch Richtung Kamera schaute, entging den Kritikern.

Ich wurde einmal beauftragt, das Verhalten eines Hundes einzuschätzen, der sich Artgenossen gegenüber aggressiv verhielt. Ich nahm einen eigenen Hund zu unserem Treffen mit und filmte das Verhalten des Hundes und seiner Besitzerin. Wie erwartet, reagierte der Hund pöbelnd auf uns. Als ich mir die Aufnahme anschließend ansah, erkannte ich, dass der Hund von seinem Frauchen wegzog und einen Bogen einschlagen wollte. Weil die Leine ihn daran hinderte, fing er an wie wild zu bellen. Ich zeigte der Frau das Video und bat sie darum, den höflichen Bogen selbst einzuleiten. Das ritualisierte Verhalten des Hundes nahm tatsächlich ab und veränderte sich positiv.

»Wenn Sie Ihren Hund filmen, werden Sie viele subtile Zeichen erkennen, die im Alltag schnell untergehen.«

Ich habe viele Aufnahmen von Trainingseinheiten, weil man auf ihnen die subtilen Signale des Hundes, die man mit ungeschultem Auge oft kaum oder gar nicht wahrnimmt, sehr gut erkennen kann. Videos helfen meinen Klienten, die Sprache ihrer Hunde besser zu verstehen.

Natürlich ist es kein Weltuntergang, wenn Sie nicht immer alle kleinen Signale sehen. Aber in deutlichen Situationen und bei deutlichen Signalen sollte schon jeder Hundehalter in der Lage sein, zu verstehen, was sein Hund sagen will – und angemessen darauf eingehen. Wenn Sie beispielsweise das Geschirr Ihres Hundes in die Hand nehmen und er allein bei diesem Anblick den Kopf abwendet und schmatzt, kann das nicht zweideutig gemeint sein. Missachten Sie das Signal und stülpen ihm das Geschirr dennoch einfach so über, ist das überaus unhöflich und kann für den weiteren Verlauf des Spaziergangs nachteilig sein. Wieso, darauf komme ich ab Seite 154 genauer zu sprechen.

*Mädchen hat sich so wunderbar entwickelt.
Heute hat sie es nicht mehr nötig, einen
auf dicke Hose zu machen. Sie ruht ganz
in sich – und das sieht man ihr auch an.*

HÖFLICHER HUNDEALLTAG

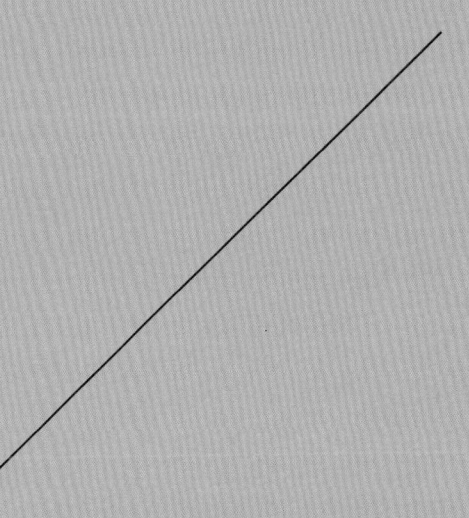

WENN SIE DIE KLEINEN SIGNALE IHRES HUNDES BEACHTEN UND ENTSPRECHEND DARAUF REAGIEREN, WIRD DIES IHR GEMEINSAMES LEBEN GEWALTIG VERÄNDERN. LASSEN SIE SICH EIN UND GENIESSEN SIE DIE NEUE ZWEISAMKEIT.

LASSEN SIE SICH AUFEINANDER EIN

Wir teilen uns mit unseren Hunden denselben Lebensraum. Dennoch gelten in diesem Raum einzig und allein die Gesetze der Menschen – und die Hunde sollen sich danach richten. Sie sind daher abhängig von uns und unserem Verhalten. Deshalb sollten wir besonders achtsam mit ihnen umgehen und ihnen in aller Höflichkeit unsere Welt erklären. Doch das können wir nur, wenn wir zuerst ihre Welt verstanden haben.

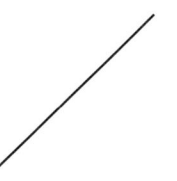

Ich gebe ehrlich zu, dass ich sehr, sehr gerne diskutiere. Ich liebe es, mich angeregt über ein Thema zu unterhalten. Für mich geht es bei einer Diskussion nämlich nicht darum, den anderen von seiner Meinung abzubringen, sondern darum, die eigene Meinung zu prüfen und gegebenenfalls zu überdenken. Es geht also sowohl ums Sprechen als auch ums Zuhören. Und das ist meiner Meinung nach etwas, wovon jede Beziehung profitieren kann.

Ich bin seit 14 Jahren in einer Partnerschaft und weiß, wie schwierig die Kommunikation zwischen Mann und Frau sein kann. Warum sollte es in der Beziehung mit unseren Hunden einfacher sein? Schließlich müssen wir uns bei dieser Diskussion nicht nur in den Kopf des anderen Geschlechts hineinversetzen, sondern auch noch die Spezies wechseln. Es ist nur zu verständlich, dass es dabei zu Missverständnissen kommen kann, die uns allen das Leben schwerer machen.

Wir missachten aus Unachtsamkeit oder Unwissen leider viel zu oft die feinen Signale unserer Hunde oder bestrafen sie sogar für ihr Verhalten – obwohl sie es doch nicht »böse meinen«, sondern nur ihrer Natur folgen. Das schadet natürlich einer guten Beziehung eher, als dass es ihr nützt. Umso mehr gilt: Nur wenn wir wissen, wie sich Hunde mitteilen, und nur wenn wir auch auf das Kleingedruckte achten, sind wir in der Lage, unsere Hunde zu verstehen und so auf sie zu reagieren, dass sie sich wohlfühlen. Und nur dann geht es uns selbst auch gut.

»Je mehr Sie über seine Art zu kommunizieren wissen und dies auch selbst berücksichtigen, desto höher ist die Chance, dass Ihr Hund Sie versteht.«

Wenn wir immer nur das in das Verhalten unserer Hunde hineininterpretieren, was wir selbst fühlen oder gerade gerne sehen wollen, trainieren wir ihnen langsam, aber sicher ihre eigene Sprache ab. Denn ignorieren wir seine Signale immer wieder – ob bewusst oder unbewusst –, lernt ein Hund, dass es keinerlei Sinn macht, schwierige Situationen erst mal auf friedliche Art zu lösen zu versuchen. Und er wird deswegen irgendwann zu drastischeren Mitteln greifen, um der misslichen Situation zu entkommen. Und das sind dann meist Mittel, mit denen sich der Mensch nicht mehr wohlfühlt …

WIE DER MENSCH, SO DER HUND

Es dürfte mittlerweile klar geworden sein, wie wichtig es ist, dass Sie auf Ihren Hund achten. Genauso wichtig sind aber auch diejenigen Momente, in denen Sie mit sich selbst beschäftigt sind. Doch gerade wenn wir uns um viele verschiedene Dinge gleichzeitig kümmern müssen, haben wir oft keinen Nerv, auch noch achtsam gegenüber dem eigenen Verhalten zu sein. Dabei bieten gerade diese Momente eine gute Gelegenheit, an sich zu arbeiten.

Ob wir wollen oder nicht: Wir entwickeln uns das ganze Leben lang immer weiter. Warum sollten wir dabei nicht ein Wörtchen mitreden?

Was sagt die Stewardess im Falle eines Druckverlusts? Bitte beatmen Sie sich selbst zuerst, bevor Sie Ihrem Kind oder Ihrem Nachbarn helfen. Genauso müssen Sie bei sich anfangen, wenn Sie Ihrem Hund dabei helfen wollen, bestimmte Situationen souveräner zu meistern.

Ich besuchte vor einigen Monaten eine Frau. Sie besitzt einen Reiterhof – und einen sehr quirligen Hund, der die Pferde ärgerte und sich einen Spaß daraus machte, sie zu hetzen. Die Frau hatte Sorge, dass eines der Pferde eines Tages nach ihrem Hund treten würde. Zudem wünschte sie sich nichts sehnlicher, als gemeinsam mit Hund und Pferd ausreiten zu können – ohne dass der Erste ständig seine eigenen Pläne schmiedet, statt auf die Rufe seines Frauchens zu hören.

Als ich sie das erste Mal besuchte und vor der Haustür wartete, konnte ich durch die Glasfelder in der Türe beobachten, was im Haus passierte, als ich klingelte. Der Hund war sehr nervös und hüpfte aufgeregt auf und ab. Und die Frau? Die war noch viel aufgeregter und schien sichtlich gestresst bei dem Versuch, ihren Hund zu bändigen.

Ich war stiller Beobachter dieses Konfliktes: Was die Frau wollte? Dass der Hund ruhig sitzt, damit sie die Türe öffnen kann. Was der Hund wollte? Endlich wissen, wer vor der Türe steht. Wie das ganze ablief? Katastrophal! Die Frau beugte sich über den Hund und schrie ihn an mit einem schrillen »Siiiittttzz!«. Dabei griff sie nach dem Halsband des Hundes und drückte ihn zu Boden. Er jaulte laut auf und wollte natürlich erst recht weg von der Stelle. Im Grunde war es fast ein Wunder, dass ich überhaupt ins Haus kam. Eine Stunde später hatte ich ihr erklärt, was passiert war: Sie war in dieser Situation selbst aufgeregt und wirkte wenig einladend. Wie hätte da der Hund ruhig bleiben können?

EIGENE ÄNGSTE ÜBERWINDEN

Seien Sie ein Vorbild, an dem sich Ihr Hund orientieren kann. Der erste Schritt dazu: Akzeptieren Sie das Gefühl der Angst, der Unsicherheit oder der Scham. Das alles gehört zu Ihnen, und Sie sind eins mit diesen Gefühlen. Ihr Körper möchte Ihnen etwas sagen, hören Sie daher genau hin. Motivieren Sie sich mit Musik oder einem Stück Schokolade, das trägt zu Ihrem Wohlsein bei. Sprechen Sie laut mit sich und sagen Sie sich, dass es okay ist, einen schwierigen Hund zu haben oder in einer unangenehmen Situation zu sein. Sie sind nicht allein. Vielen, vielen anderen Hundehaltern geht es genauso. Finden Sie eine Methode, um zu entspannen. So werden Sie nicht nur insgesamt gelassener, sondern sind mehr und mehr in der Lage, auch in akuten Stresssituationen Ruhe zu bewahren.

Ich sah mir an diesem Tag nicht den Hof und die Pferde an, sondern saß mit der Frau im Wohnzimmer, um über ihr Verhalten zu sprechen. Ich sagte ihr, wie wichtig es sei, die eigenen Grenzen zu kennen und zu wissen, wo momentan die Grenzen des Hundes liegen. Vor allem aber, dass dieser nur das leisten könne, was er zuvor gelernt hat. Sie dürfe nicht erwarten, dass er sich an der Türe höflich benähme, wenn sie ihm nie gezeigt hätte, wie das überhaupt geht. Wenn man sich diese Arbeit sparen will, zahlt man, wie sie am eigenen Leib erfahren durfte, einen recht hohen Preis.

Ich bat sie, so häufig wie möglich daran zu arbeiten und ihrem Hund peu à peu das Verhalten beizubringen, das sie von ihm verlangte. An der Haustür genauso wie beim Ausritt oder in anderen Situationen.

LIEBE IST KEINE EINBAHNSTRASSE

Ich hatte einmal eine sehr liebe Klientin mit einem Chihuahua namens Coco. Coco war eher unsicher und verstand sich nur selten gut mit ihren Artgenossen. Sie wurde überall in der Tasche herumgetragen (ich glaube, Coco hatte mehr Handtaschen als meine Frau) und besaß dadurch »Lufthoheit«.

> *»Ein harmonisches Miteinander gelingt nur, wenn Sie auf die Bedürfnisse des Hundes eingehen, ohne dabei Ihre eigenen Bedürfnisse zu vernachlässigen.«*

Immer wenn Coco in die Tasche musste, hob ihr Frauchen sie mit einem gekonnten Griff hinein. Irgendwie erinnerte mich die Art, wie sie das machte, aber nicht an den fürsorglichen Griff einer Mutter, sondern eher an den Griff eines Greifvogels. Coco duckte sich dann immer und machte sich für einen kurzen Moment ganz steif. Auch die Geschwindigkeit, mit der Coco nach oben »flog«, war wenig fürsorglich. Coco war gerade mal 17 Zentimeter hoch, ihre Besitzerin hingegen etwa 1,70 Meter. Der Hund musste sich daher mehrmals täglich wie im Free-Fall-Tower fühlen, weil es derart schnell rauf- und runterging.

Ich besuchte die beiden zu Hause. An den Wänden hingen mehrere Fotos, auf denen sie zusammen zu sehen waren. Während ihr Frauchen

Unsere Hunde brauchen uns, damit sie sich in unserer Menschenwelt zurechtfinden. Aber wir müssen uns respektvoll verhalten und ihnen alles so erklären, dass sie es aus ihrem Hundeblickwinkel verstehen.

glücklich und verliebt in die Kamera lächelte, war Cocos Unlust deutlich zu sehen. Ich machte die Frau darauf aufmerksam und wies sie vorsichtig darauf hin, dass Liebe keine Einbahnstraße sei. Was sie so sehr genoss, war für Coco oft ein regelrechter Übergriff. Letzten Endes ist der Ausdruck von Liebe relativ. Aber sicher ist, dass mindestens zwei dazugehören: Sender und Empfänger.

Anfangs wollte die Frau meine Worte nicht akzeptieren. Es war schwer für sie zu begreifen, dass Coco vieles nicht mochte, was sie selbst so gerne wollte. Um sie zu überzeugen, beschloss ich, die beiden einen Tag lang mit der Kamera zu begleiten. So konnte ich ihr zeigen, wie oft es zu Missverständnissen zwischen ihr und ihrem Hund kam. Und es waren tatsächlich eine ganz schöne Menge an Missverständnissen, die ich im Lauf des Tages aufzeichnete …

EINE PARTNERSCHAFT AUF AUGENHÖHE

Viele Konflikte zwischen Hunden und Menschen sind eine Folge von Missverständnissen. Wie viele Probleme ließen sich vermeiden, wenn man ein wenig höflicher miteinander umgehen und den Besonderheiten des Vierbeiners den gebührenden Respekt zollen würde. Zum Glück ist es dafür nie zu spät. Auch wenn sich schon das ein oder andere Kommunikationsproblem und dadurch bedingt die ein oder andere Unsitte eingeschlichen hat, können Sie die Situation ändern. Indem Sie ab heute besser hinschauen, die Signale Ihres Hundes zu erkennen lernen und entsprechend darauf reagieren. Je nachdem, wie lang schon etwas »schiefläuft«, dauert das zwar seine Zeit, bis Verbesserungen sichtbar werden. Ihr Hund hat sich vermutlich auch nicht plötzlich und über Nacht »seltsam« benommen, sondern sein Verhalten hat sich nach und nach herausgebildet. Aber wenn Sie jeden Tag dranbleiben und den (Hunde-)Alltag mit etwas mehr Aufmerksamkeit gestalten, wird sich mit der Zeit Besserung einstellen. Versprochen!

»Hunde stehen nicht morgens auf und versuchen die Weltherrschaft an sich zu reißen. Sie wollen in Harmonie mit ihren Menschen zusammenleben.«

Ich zeige Ihnen ab Seite 153 einfach mal am Beispiel des Spazierengehens (und allem, was dazugehört, wie Geschirr-Umlegen, Hundebegegnungen, Spielen, Rückruf), wie Sie die Situation entspannen können. Ganz wichtig finde ich diesbezüglich auch, dass Ihr Hund genug Zeit hat, um zwischendurch zur Ruhe zu kommen. Denn das Umlernen ist für ihn sehr anstrengend. Und wenn er etwas Neues lernt, braucht er genauso Pausen. Wie Sie ihm die nötige Ruhe schenken können, erfahren Sie ab Seite 165.

Und dann sind da noch die vielen kleinen alltäglichen Dinge, die Hunde oft gar nicht mögen, wie zum Beispiel die Fellpflege oder das Hochheben. Weil sie nun aber einmal ab und zu nötig sind, sollten Sie es Ihrem Hund zumindest so angenehm wie möglich machen. Ab Seite 169 erkläre ich Ihnen, wie das am besten gelingt. Auf Augenhöhe.

(Selbst-)Sicher unterwegs

Auch bei Begegnungen mit fremden Hunden ermöglicht Ihnen das Wissen um deren feine Kommunikationssignale, Situationen besser einzuschätzen und Freund von »Feind« zu unterscheiden.

Ich arbeite mit allen Hunderassen, auch mit denen, die durch die Medien verunglimpft wurden, die sogenannten Kampfhunde. Die Menschen begegnen mir normalerweise sehr freundlich und interessiert. Bin ich allerdings mit solchen Hunden unterwegs, bekomme ich das Unwohlsein anderer Hundebesitzer ganz unverschleiert mit. Sie leinen ihre Hunde an und bewegen sich schnell von uns weg. Sie interpretieren, anstatt zu wissen.

Natürlich kann es sein, dass Sie beim Anblick eines großen Hundes eingeschüchtert sind – vor allem, wenn Sie selbst einen kleinen Hund haben, der noch dazu vielleicht schon mal schlechte Erfahrungen mit größeren Artgenossen gemacht hat. Doch voreilige Schlüsse zu ziehen nützt weder Ihnen noch Ihrem Hund. Stattdessen sollten Sie auf die möglichen Beschwichtigungssignale des Großen achten. In ganz vielen Fällen heißt es dann: Entwarnung. Und wenn Sie den Eindruck haben, dass der andere Hund nicht mit der Situation klarkommt, geben Sie ihm und Ihrem eigenen Vierbeiner die Gelegenheit, sich ein wenig gelassener zu begegnen: Indem Sie ruhig und sicher bleiben – diese Haltung überträgt sich, wie ich schon erklärt habe, automatisch auch

Schmuseattacke! Wenn es mir irgendwann zuviel wird, zeige ich Thea liebevoll, dass es reicht. Man muss niemanden vor den Kopf stoßen, auch Hunde nicht.

auf Ihren Hund – und aktiv einen Bogen einleiten (wie das geht, erfahren Sie auf Seite 156–159). So geben Sie den beiden »Kontrahenten« mehr Raum und die Möglichkeit, sich voneinander zu distanzieren.

Wie Sie selbst Beschwichtigungssignale einsetzen

Ich werde oft gefragt, ob man die hündischen Beschwichtigungssignale denn auch selbst einsetzen kann. Meine Antwort: Ja! Unter meinen Hunden ist beispielsweise einer, der besonders aufdringlich ist und sehr viel Körperkontakt braucht: meine Thea. Sie ist eine sehr zarte ehemalige Straßenhündin, die sich schon mal sehr konzentriert auf meine »Hautpflege« einlässt. Teilweise ist sie dabei derart penetrant, dass man sie unterbrechen muss. Sie drückt sich auch sehr auffällig an einen und verlangt regelrecht Aufmerksamkeit. Weil ich sie aber nicht vor den Kopf stoßen will, schimpfe ich nicht. Ihr zu sagen, dass Schluss ist, würde sie nur unnötig verunsichern. Und sie würde dann wohl erst recht zur Besänftigung drängen. Daher mache ich es wie meine anderen Hunde und wende einfach den Kopf weg. Thea sucht sich dann einen anderen, um den sie sich »kümmern« kann.

Zwar lassen sich nicht alle Beschwichtigungssignale auf uns Menschen übertragen. Aber zum größten Teil wird Ihr Hund Sie nicht missverstehen. Ich bin mir zwar nicht sicher, ob es wirken würde, wenn Sie in die Vorderkörpertiefstellung gehen, um zu beschwichtigen. Aber mal genussvoll zu gähnen kann durchaus für Entspannung sorgen.

RUHE IST DAS ALLERWICHTIGSTE

Die wichtigste Voraussetzung, damit Ihr Hund sich entspannen und Ihnen vertrauen kann: Werden Sie nie laut oder hysterisch. Wenn ich Hunde trainiere, senke ich meine Stimme, beruhige meine Atmung und lasse mich fallen in die Situation. Ich versuche, völlige Entspannung auszustrahlen. Hunde, die schlechte Erfahrungen mit Menschen gemacht haben, sind von meiner Statur schnell beeindruckt und fühlen sich oft überfordert. Deshalb setze ich mich hin, wende den Blick ab und atme bewusst tief ein und aus. Sie können sich vorstellen, dass das anfängliche Misstrauen so schnell verfliegt. Bei traumatisierten Hunden achte ich auf jede Bewegung. Ich ziehe sogar extra Schuhe mit superweichen Sohlen an, um jeglichen Krach zu vermeiden. Wenn ich die Hunde beobachten muss, schaue ich sie nie direkt an. Manchmal nehme ich sogar meine Handykamera zu Hilfe, weil ich damit den Hund beobachten kann, ohne ihn frontal anzugucken. Ich hoffe sehr, dass Sie keinen so schweren »Fall« zu Hause haben. Aber falls doch, versichere ich Ihnen, dass auch für Sie Möglichkeiten bestehen, das Leben Ihres geliebten Vierbeiners aufzuwerten.

DER ENTSPANNTE SPAZIERGANG

Ich vermute, dass alle Hundehalter sich wünschen, mit ihrem Vierbeiner viel Zeit in der freien Natur zu verbringen. Dass sie gemeinsam Abenteuer erleben und vom hektischen Alltag abschalten können. So weit das Ideal. Leider wird der tägliche Spaziergang aber für nicht wenige eher zum Spießrutenlauf. Doch das muss nicht sein.

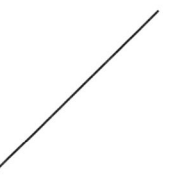

Ihr Hund mag keine anderen Hunde? Er hasst Jogger oder Radfahrer? Und wenn ein Kind in seine Nähe kommt, haben Sie Angst, dass er zuschnappt? Vielleicht geht er ja auch ganz manierlich an der Leine, aber sobald er im »Freilaufmodus« ist, gibt es kein Halten mehr und den Rückruf können Sie vergessen? Es gibt viele Gründe, warum ein Spaziergang außer Kontrolle geraten kann – oder zumindest nur wenig Freude macht. Nur allzu schnell wird er dann mehr und mehr zu einer lästigen Pflicht. Schade! Denn Gassigehen soll Spaß machen. Beiden. Und das tut es auch, wenn Ihr Hund souverän genug ist, um sich von den Reizen um ihn herum nicht aufregen zu lassen. Doch dabei müssen Sie ihm helfen – unter anderem, indem Sie den Spaziergang auf höfliche, sprich artgerechte Art gestalten. Positiver Nebeneffekt: Sie selbst können beim Spazierengehen auch mal wieder durchschnaufen.

START OHNE STRESS

Was viele Hundehalter nicht wissen: Der Spaziergang beginnt nicht erst in dem Moment, wenn Sie mit Ihrem Hund tatsächlich auf der Straße stehen. Er beginnt bereits zu Hause – in dem Moment, wenn Sie Ihrem Hund das Halsband oder Geschirr anlegen.

Ich habe unzählige Male erlebt, dass ein Mensch, ohne es zu wissen, geschweige denn zu wollen, unter den völlig falschen Voraussetzungen gestartet ist. Es beginnt schon damit, wie Sie Ihrem Hund das Halsband oder das Geschirr anziehen und die Leine anlegen: Geschieht das aufgeregt oder unter Stress, ist die Situation negativ belegt. Ich habe Hunde gesehen, die sich wegducken, abwenden oder die Augen zukneifen. (Erinnern Sie sich, das sind alles Beschwichtigungssignale, die zeigen, dass er sich nicht wohl in seiner Haut fühlt). Kein Wunder, dass diese negative Grundstimmung mit nach draußen getragen wird.

»Seien Sie fair und achten Sie auf die Signale. Ihr Hund möchte Ihnen etwas sagen, daher sollten Sie genau hinhören. Alles andere wäre unhöflich.«

Das erinnert mich immer ein bisschen an meine Kindheit: Wenn wir früher einen Wochenendausflug planten, geriet mein Vater regelmäßig in Stress. Alles war ihm zu viel, und er zeigte bei der Planung deutlich, dass er dazu wenig Lust hatte und es weniger als Vergnügen denn als Pflicht ansah. Waren wir erst mal unterwegs, machte ihm die ganze Sache großen Spaß. Meine Schwester und ich dagegen mussten die Aufregung beim Start erst mal verdauen und konnten nicht alles so genießen, wie es gedacht war.

Wenn ich meine Hunde anleine, dann tue ich das sehr bewusst. Ich rufe einen nach dem anderen zu mir, lasse sie erst mal an dem riechen, was ich ihnen gleich »anziehe« und »locke« sie mit einem Leckerchen durch das Geschirr. Dann kann der Ausflug beginnen. Ganz entspannt.

Fast hätte ich es vergessen: Mindestens genauso wichtig ist, dass Sie sich für jeden Spaziergang genug Zeit nehmen. Wenn Sie es eilig haben, ist die Stimmung von Grund auf angespannt. Das spürt Ihr Hund – und tut sich umso schwerer, »einen Gang runterzuschalten«.

Mit einem Leckerchen und etwas Geduld lässt sich
jeder Hund gern überzeugen, ins Geschirr zu schlüpfen.

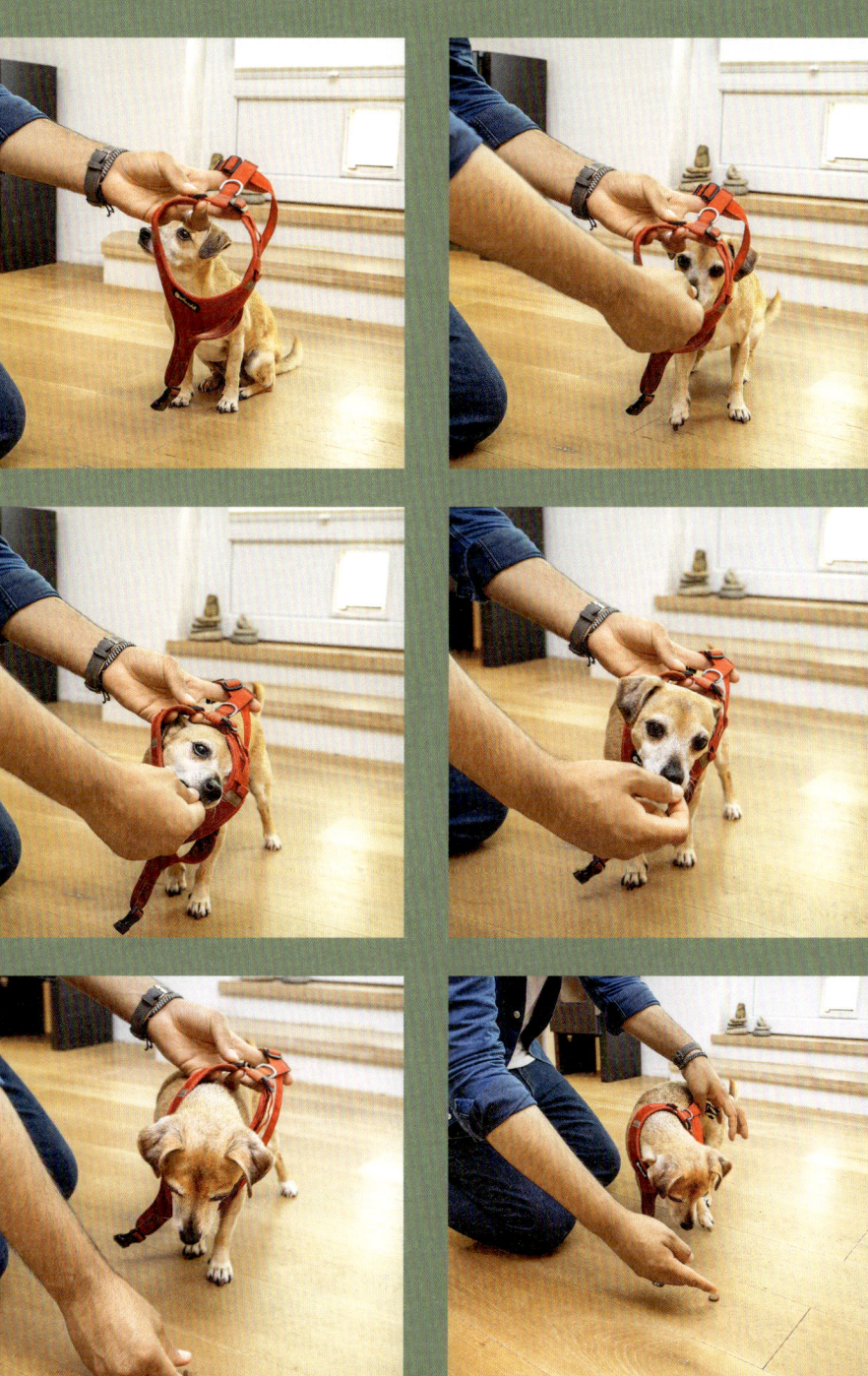

*Für viele Hundehalter
purer Stress: Hunde-
begegnungen an der
Leine. Dabei genügt
meist schon ein Höflich-
keitsbogen – und alles
geht völlig komplikati-
onsfrei vonstatten.*

DER HÖFLICHKEITSBOGEN

Im Freilauf regeln Hunde normalerweise allein, ob sie Kontakt zu anderen aufnehmen wollen oder lieber Abstand halten (siehe ab Seite 96).

An der Leine sind sie räumlich eingeschränkt, weshalb sie sich nicht immer so verhalten können, wie es ihrer Natur entspricht. Dadurch geraten sie unweigerlich in einen Konflikt: Es ist nicht höflich, geradewegs auf jemanden zuzulaufen. Das bringt sowohl den eigenen Hund als auch den anderen in Bedrängnis.

Wenn ich mit meinen Hunden unterwegs bin, ist der Höflichkeitsbogen deswegen fester Bestandteil meines Laufwegs – und zwar egal ob mit oder Leine. Wenn ich an anderen Hunden vorbeigehe, schlage ich prinzipiell einen Bogen ein. Ich gebe meinen Tieren dadurch eine Richtung vor, der sie folgen können, und schaffe Raum. In der Regel geht auch der uns entgegenkommende Hund auf dieses »Angebot« ein und wahrt ebenfalls den Abstand. So können beide Seiten entspannt ihres Weges ziehen.

Zerren Sie Ihren Hund aber nicht einfach weg. Sprechen Sie ihn rechtzeitig an und leiten Sie den Weg ein, indem Sie mit lockerer Leine zur Seite gehen und Ihren Hund zu sich rufen. Sie werden merken, wie bereitwillig er mitkommt. Loben Sie ihn ruhig auch, wenn er sich zu Ihnen bewegt. Das verstärkt das positive Gefühl, das ihm der Zugewinn an Raum gibt, zusätzlich.

Zugegeben: Die Führung an der Leine bedarf viel Übung. Auch ich habe wohl kaum etwas anderes so häufig trainiert. Zu meiner Zeit als Dogwalker führte ich bisweilen bis zu 15 Hunde unterschiedlicher Größe und Rasse gleichzeitig aus. Ich war verantwortlich für meine Schützlinge und konnte mir keine Unachtsamkeit leisten. Diese Hunde (und ihre Besitzer) vertrauten mir, und deswegen musste ich ganz bewusst Entscheidungen treffen. Also gab ich ihnen immer einen Höflichkeitsbogen vor, wenn uns ein anderer Hund entgegenkam. Dabei erhöhte ich mein Tempo leicht und sprach ein deutliches »Hierüber!« aus. Und alle Hunde liefen mit mir den Bogen.

Ich traf einmal zwei Frauen, die einen Hund aus dem Ausland zu sich genommen hatten. Ein toller Kerl mit pfiffigem Körperbau. Mit seinem mittellangen Fell, seiner Stummelrute und seinem dichten Bart erinnerte er mich immer ein bisschen an einen vierbeinigen Comichelden.
Die beiden erzählten mir von seiner Vorgeschichte und dass ihr Hund an der Leine Artgenossen gegenüber immer noch ein deutlich aggressives Verhalten zeigen würde. Ich besuchte die drei daraufhin mit meinem Mädchen. Wir hatten ausgemacht, dass ich ein paar Meter entfernt auf der Straße auf sie warten würde und sie mir entgegenkommen. Indem ich einen ganz normalen Passanten »spielte«, der seinen Hund ausführt, wollte ich sehen, wie sich der Hund verhält. Und natürlich wollte ich auch sehen, was seine Besitzerinnen tun würden.

> »Kann ein Hund nicht ausweichen, fühlt er sich
> schnell in die Enge getrieben – und manche reagieren
> darauf vorauseilend aggressiv.«

Ich sollte es bald erfahren: Sobald ihr Hund Mädchen und mich bemerkte, stieg er in die Leine, bellte völlig nervös und zog zur Seite. Dabei warf er immer wieder einen erwartungsvollen Blick nach hinten, als wolle er etwas Negatives von sich abwehren.
Was mir aber besonders auffiel, war der Laufweg des Hundes. Ich bat die beiden Frauen, diesem Weg zunächst zu folgen. Dadurch sah man schnell, dass der Hund völlig überfordert war, weil er wegen der Leine nicht ausweichen konnte und in viel zu engen Kontakt mit den Artgenossen kam. Was im Alltag übrigens oft noch potenziert wird, wenn das Gegenüber weniger souverän ist als mein Mädchen und sich die Hunde daher gegenseitig hochschaukeln.
Was dann kam, war wieder einmal weniger eine Lehrstunde für den Hund als für seine Besitzer: Ich brachte den beiden Frauen bei, rechtzeitig einen Bogen einzuschlagen, den sie – anders als bisher – aktiv selbst einleiten. Dadurch konnten sie auf eine Weise Raum schaffen, die der Hund nachvollziehen kann. Tatsächlich riefen sie mich nach ein paar Wochen an, um mir begeistert zu berichten, wie sehr sich die Situation schon entspannt hatte. Ich hoffe, sie blieben am Ball.

Aufmerksame Voraussicht: *Noch ehe meine Hunde etwas bemerken, habe ich die Situation erkannt.*

Ansprechen: *Ich ziehe ihre Aufmerksamkeit auf mich und lade sie ein, sich an mir zu orientieren.*

Seitenwechsel: *Um sie auf meine andere Seite zu lenken, wechselt hinter dem Rücken die Leinenhand.*

Bogen einschlagen: *Ich beginne ruhig meinen Bogen einzuschlagen, dabei geht der ganze Körper mit.*

Weiter einschlagen: Ich gehe weiter – auch wenn die Hunde mittlerweile mitbekommen haben, was läuft.

Richtung zeigen: Mit der Leine (und dem Leinen-arm) kann ich zusätzlich zeigen, wohin es geht.

Alle da? Meine Signale sind angekommen, und trotz Ablenkung haben alle die Richtung gewechselt.

Entspannt weitergehen: Mit genug Abstand zuei-nander und mir als »Splitter« ziehen alle ihrer Wege.

ERFOLGREICHER RÜCKRUF

Der Rückruf ist bei fast allen Hundehaltern ein ganz besonderes Thema. Manche haben Glück: Ihr Hund ist die Zuverlässigkeit in Person und immer sofort zur Stelle, wenn sie ihn rufen. Andere haben so große Schwierigkeiten, dass sie ihren Hund beim Spazierengehen gar nicht mehr von der Leine lassen. So oder so ist auch hier die Übung ausschlaggebend für die Zuverlässigkeit.

»Verlange nichts von deinem Hund, was du ihm nicht beigebracht hast«, sagte mein Dozent immer. Und recht hat er. Mal abgesehen davon, dass jede Übung, die zuverlässig sitzen soll, auch zuverlässig trainiert werden muss, ist gerade der Rückruf ein Befehl, den wir oft einfordern, bevor wir ihn beigebracht haben. Und wenn er dann mehr oder weniger sitzt und der Hund sich entschließt, zu uns zu kommen, vermasseln wir oft wieder alles, weil wir uns falsch benehmen.

»Natürlich dürfen Sie Ihrem Hund klarmachen, wo die Musik spielt. Vergessen Sie dabei aber nicht, dass der Ton diese Musik macht.«

Ich habe schon so oft beobachtet, dass jemand seinen Hund in einem schroffen Ton zu sich ruft. Das Ganze gleicht dann eher einem Appell denn einer herzlichen Einladung. Trotzdem wundern sich diese Leute, dass ihr Hund auf ihr doch deutliches Rufen nur sehr langsam herankommt. Wenn er den Blick abwendet oder erst noch ausgiebig irgendwo schnüffelt, betiteln sie ihn nicht selten als »unmöglich« oder schimpfen ihn sogar. Was sie damit erreichen? Nichts! Die Situation verschärft sich eher noch. Denn was diese Menschen nicht sehen beziehungsweise nicht verstehen: Ihr Hund versucht verzweifelt, sie zu besänftigen. Anders als sein verärgertes Frauchen oder Herrchen vielleicht meint, nimmt er sie/ihn weder auf den Arm, noch will er seine Macht demonstrieren. Nach seinem Hundeverständnis wäre es einfach nur überaus unhöflich und unter Umständen sogar gefährlich, sich dem anderen in so einer Situation frontal und schnell zu nähern. Seine abwartende Haltung soll also demütig und beschwichtigend wirken. Und dafür wird er geschimpft?

Sie kennen diese Situation? Dann beobachten Sie Ihren Hund das nächste Mal genau und verändern Sie Ihr Verhalten. Überdenken Sie Ihre Art des Rückrufs – überhaupt die Art, wie Sie mit Stress umgehen – und bleiben Sie fair: Dämpfen Sie Ihre Stimme, drehen Sie sich leicht zur Seite, gehen Sie in die Hocke und bleiben Sie freundlich. Sie werden überrascht sein, wie lernbereit Hunde sind. Das Zusammenleben bekommt plötzlich eine ganz andere Qualität, wenn man Höflichkeit zeigt. Es hilf Ihnen auch, gelassener und glücklicher zu sein.

EINLADUNG TROTZ HANDICAP

Nicht jeder Hundebesitzer hat die körperliche Voraussetzung, sich hinzuhocken, um seinen Hund anzuleinen. Ich selbst wurde Anfang des Jahres an der Leiste operiert. In dieser Zeit brachte ich meinen Hunden bei, auf Signal an mein Bein zu steigen und zu warten, bis ich ihnen die Leine anlegen konnte. Es gibt viele Möglichkeiten, um eine höfliche und weniger aufdringliche Haltung dem Hund gegenüber einzunehmen. Es bedarf etwas Kreativität, aber es lohnt sich.

Der richtige Zeitpunkt

Können Sie sich erinnern, wie Sie als Kind angeregt in ein Spiel vertieft waren und Ihre Eltern plötzlich in Ihr Zimmer platzten, um Sie an Ihre Hausaufgaben zu erinnern oder daran, dass Sie eine bestimmte Aufgabe im Haushalt zu erledigen hatten? Sie sollten dann augenblicklich mit dem Spielen aufhören und sich, ohne zu zögern, Ihren Pflichten zuwenden. Erinnern Sie sich? Schön war etwas anderes.

So ähnlich geht es auch Ihrem Hund, wenn Sie entscheiden, dass der Freilauf beendet ist und Sie ihn wieder an die Leine nehmen wollen. Sie müssen ihm daher zeigen, dass es sich durchaus lohnt, aufs Spielen und/oder Rumstromern zu »verzichten«. Laden Sie ihn ein, sich Ihnen anzuschließen: Rufen Sie ihn freundlich zu sich, loben Sie ihn für sein Kommen, knien Sie sich zu ihm herunter und zeigen Sie ihm die Leine. Am besten geben Sie ihm beim Anleinen auch noch ein Leckerchen oder kraulen ihn ein bisschen. Durch all das assoziiert er die Leine mit etwas Gutem. Und dann gehen Sie bewusst gemeinsam weiter. Jetzt sind Sie wieder ein Team.

Wenn ich meine Hunde rufe, mache es genauso – und das seit vielen Jahren. Alle hören fantastisch und haben kein Problem damit, dass ich sie anleine. Denn sie wissen: Am Ende eines ausgiebigen Spiels werden sie von mir gerufen und herzlich gekrault. Wie schön!

Hallo! *Damit der Hund weiß, dass ich etwas von ihm will, muss ich mich erst mal bemerkbar machen.*

Rufen: *Reagiert der Hund, kann ich ihn direkt ansprechen und auffordern, zu mir zu kommen.*

Locken: *Macht er sich auf den Weg, halte ich weiterhin Kontakt zu ihm, damit er motiviert bleibt.*

Loben: *Ich rede gern – auch mit meinen Hunden –, und deshalb lobe ich sie zwischendurch kurz.*

Einladen: *Indem ich mich etwas herabbeuge und die Arme öffne, zeige ich ihm, dass er willkommen ist.*

Höflich bleiben: *Auch wenn es nicht ganz so schnell geht wie gewünscht, den Hund weiter einladen.*

Nachhelfen: *Ein Leckerchen in der Hand leistet, gerade beim ersten Üben, letzte »Überzeugungsarbeit«.*

Belohnen: *Der Hund ist da, jetzt darf belohnt werden – mit einem Leckerchen oder Fellkraulen.*

ZU HAUSE RUHE FINDEN

Ruhepausen sind nicht nur da, um zu entspannen. Sie sind auch wichtig, um Erlerntes zu speichern. Sie dienen dem Körper für die Regeneration und sind eine gute Möglichkeit, dem Hund beizubringen, seine Kraft besser einzuteilen.

Es gibt Hunde, denen scheinbar nie die Puste ausgeht. Sie wirken auf den ersten Blick vielleicht »nur« lebhaft. Tatsächlich aber sind sie ständig auf der Hut und nehmen sich einfach keine Pause. Dadurch sind sie grundnervös und völlig aus dem Gleichgewicht. So eine Kandidatin war Frieda, eine Terrierhündin, von der ich schon erzählt habe (siehe Seite 87). Frieda war ständig unfassbar aufgeregt – bis ich sie in die Hände, pardon, Pfoten meiner Hunde gab. Eines Tages holte ich Frieda mit dem Auto ab. Sie saß in ihrer bequem ausgestatteten Transportbox, kam aber einfach nicht zur Ruhe. Sie stand in der Box und fiepte unaufhörlich. Dabei kannte sie die Box durchaus als einen Ort der Entspannung. Zu Hause schlief sie sogar ab und zu darin.

Es gibt aber auch Hunde, die, anders als Frieda, mit viel Bedacht an ihre Energieressourcen gehen. Mein Mädchen zum Beispiel ist meistens ziemlich entspannt. Sie nimmt sich die Ruhephasen so, wie sie sich anbieten. Wenn ich etwa beim Spazierengehen jemandem begegne, mit dem ich mich unterhalte, legt sich Mädchen hin und wartet, bis ich zu Ende geredet habe. Auch während andere Hunde ohne Pause auf der Freifläche herumtoben, hat Mädchen nach einer Weile sichtlich genug. Sie sucht sich dann ein schattiges Plätzchen, legt sich dort hin und macht Siesta.

EINLADUNG ZUM ENTSPANNEN

So einfach wie mit Mädchen ist es aber eben nicht mit allen Hunden. Einige muss man immer wieder daran erinnern, zwischendurch mal ein Päuschen zu machen. Die einen nehmen so ein Angebot dankend an. Andere muss man oft und mit viel Geduld überzeugen. Vor allem junge Hunde neigen dazu, zu überdrehen. Es ist daher gut, wenn man ihnen von Anfang an zeigt, wann und wie sie sich erholen können.

Um echte Ruhe zu finden, müssen aber einige Punkte erfüllt sein: Der Hund konnte ausreichend lang spazieren gehen und seine Notdurft verrichten, er hat gefressen und getrunken. Seine Bedürfnisse sind also erst einmal erfüllt. Jetzt wäre Zeit zu entspannen. Und wenn er von selbst nicht darauf kommt, sollten Sie ihm dabei helfen: Lehnen Sie sich zurück und laden Sie Ihren vierbeinigen Freund ein, gemeinsam mit Ihnen zu relaxen. Kraulen Sie ihm den Kopf und lassen auch Sie los. Ihre Ruhe und Entspanntheit überträgt sich auf Ihren Hund. Vermutlich werden Sie bald anfangen zu gähnen – was ja, wie Sie nun wissen, ein Beschwichtigungssignal ist, das seine Wirkung auf den Hund nicht verfehlen wird. Und so stecken Sie sich gegenseitig immer mehr mit der Entspannung an …

Laden Sie Ihren Hund auf seinen Platz ein: Belegen Sie ihn dazu mit etwas Positivem, beispielsweise einer Kaustange. Sie können sich auch dazusetzen und dem Hund den Kopf kraulen. So mache ich es selbst gerne mit

DER RICHTIGE PLATZ

Der Platz, an den sich Ihr Hund zum Ausruhen zurückziehen soll, muss mit Bedacht gewählt sein. Schließlich soll er sich gerne dort aufhalten und zur Ruhe finden. Achten Sie daher darauf, dass der Hund nicht mitten im Geschehen liegt. Genauso wenig sollte er aber zu weit abseits liegen, sonst fühlt er sich ausgeschlossen und unwohl. Wenn Sie sich größtenteils im Esszimmer aufhalten, der Platz Ihres Hundes aber irgendwo im Schlafzimmer ist, wird er sicher immer wieder aufstehen, um nach Ihnen zu schauen. Das steht der Ruhe natürlich im Weg. Aber unsere Hunde brauchen eben wie wir selbst auch Kontakt zum und Aufmerksamkeit vom Rest der Familie. Sonst fühlen sie sich nicht wohl.

Erst kuscheln: *Von 100 auf 0, das schafft Thea nicht sofort. Ich lade sie daher gern zu mir aufs Sofa ein.*

Dann relaxen: *Weil ich selbst immer ruhiger werde, mich rekele und gähne, helfe ich ihr abzuschalten.*

Hunden, die nichts mit so einem Platz anfangen können oder, wie Straßenhunde, bisher gar keinen Anspruch darauf erheben konnten. Hunde also, die schlicht und ergreifend noch nicht erfahren haben, wie es ist, einen Platz zu haben, auf den sie sich zurückziehen können.

Hunde, die Schwierigkeiten haben, auf dem Platz liegen zu bleiben, füttere ich auch dort und lasse sie danach noch kurz an der Stelle verweilen. Mit der Zeit und mit etwas Übung verlängere ich die Phasen immer mehr und lasse sie immer länger auf ihrem Platz, bis sie völlig entspannt dort liegen oder sich dort sogar selbstständig ihre Ruhepausen nehmen.

Ganz wichtig: Schicken Sie Ihren Hund nie als »Strafe« auf seinen Platz (»Gehst du gleich auf deinen Platz!«). Das ist weder angebracht noch höflich. Der Platz darf für den Hund nie etwas Negatives sein, so wie ein Kind nie zur Strafe in sein Zimmer sollte gehen müssen. Er ist ein Ort der Ruhe und der Entspannung. Und damit er völlig loslassen kann, ist es wichtig, dass dort Friede herrscht, nicht Anspannung oder Streit.

ALLTÄGLICHE HERAUSFORDERUNGEN

Wenn Sie einmal damit angefangen haben, werden Sie schnell merken, dass Ihr Hund nahezu ständig irgendwelche Signale aussendet. Das heißt aber nicht, dass Sie alles stehen und liegen lassen müssen, nur um ja keines seiner Zeichen zu übersehen. Und erst recht heißt es nicht, dass Sie allen Situationen, in denen sich Ihr Hund unwohl fühlt, aus dem Weg gehen sollen.

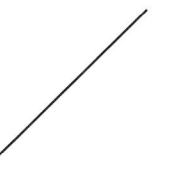

Ihr Hund muss lernen, sich auch in solchen Situationen souverän zu verhalten, die ihn eigentlich verunsichern. Souverän bedeutet nicht, dass er versucht, alles allein zu regeln – etwa indem er andere »aus dem Weg bellt«. Es heißt, dass er ruhig und gelassen auf Reize reagiert und weiß, was er tun muss, um Konflikte zu vermeiden.

Ein Hund kommt heute schlichtweg nicht darum herum, unterwegs auf andere Hunde und Menschen zu treffen. Genauso muss er hin und wieder zum Tierarzt oder braucht eine Dusche … Manchmal müssen Hunde einfach etwas Unangenehmes »erdulden«. Meine eigenen Hunde beispielsweise empfinden das Krallen-Stutzen als besonders schlimm. Ich achte daher darauf, wie Sie sich genau verhalten, und versuche, ihnen die Prozedur so angenehm wie möglich zu machen. Ich freue mich schließlich auch nicht, wenn ich zum Zahnarzt muss –

obwohl ich einen wirklich wundervollen Zahnarzt habe. So wie ich es bei meinen Hunden tue, gibt auch er sich die größte Mühe, damit ich es möglichst angenehm habe.

Als ich noch ein Kind war, konnte ich Friseurbesuche nicht leiden. Irgendwann schnitt mir ein Friseur dann auch noch ins Ohr. Mein Vater geriet darüber mit ihm ins Streiten. Mir war das Ganze sehr unangenehm, und ich beschloss, mir nie mehr die Haare schneiden zu lassen. Weil ich aber nicht aussehen sollte wie ein Wolfsjunge (obwohl das im Nachhinein betrachtet ja ganz gut gepasst hätte), übte sich mein Vater seitdem selbst an meinem Haupt. Er ging dabei sehr zärtlich vor und erzählte mir viele witzige Geschichten. Das Haareschneiden selbst wurde so irgendwie zur Nebensache …

DUSCHEN

Die wenigsten Hunde mögen Wasser – Pfützen und Schlammlöcher sind hier ausdrücklich ausgenommen. Duschen und Baden ist für sie daher eher eine qualvolle Prozedur als ein Vergnügen. Ich selbst dusche meine Hunde deshalb nur, wenn es wirklich sein muss, beispielsweise wenn mal wieder der Schäfer mit seiner Herde im Kölner Stadtwald unterwegs war. Die Hinterlassenschaften seiner Tiere hinterlassen nämlich leider einen überaus bleibenden Eindruck bei meinen Hunden. Wenn ich nicht aufpasse wie ein Luchs, passiert es schnell, dass sich der ein oder andere damit »parfümiert«.

Um dem Hund dann nicht das Gefühl zu geben, ich wolle ihm etwas Böses – schließlich ist es für ihn ein ganz natürliches Verhalten, sich in irgendetwas zu wälzen –, beginne ich die ganze Reinigungsprozedur mit Bedacht und helfe ihm erst einmal vorsichtig in die Wanne (wie man einen Hund richtig hochhebt, zeige ich Ihnen auf Seite 176 und 177). Bei Hunden, die das Duschen lieben, braucht es das häufig nicht: Sie hüpfen von allein hinein.

Ich lasse das Wasser mit ganz leichtem Druck aus dem Duschkopf auf meine Hand rinnen, um sie nicht zu erschrecken, und warte, bis es eine angenehme Temperatur erreicht hat. Dann beginne ich immer an den Hinterläufen und arbeite mich Stück für Stück vor. Mit leiser und sanfter Stimme spreche ich dabei auf den Hund ein und massiere ihn liebevoll, während ich sein Fell wasche. Den Kandidaten, die es besonders schwerhaben, streiche ich vorher noch etwas Hundeleberwurst an den Wannenrand. Während sie damit beschäftigt sind, die Leckerei abzuschlecken, kann ich in aller Ruhe die unangenehmen Stellen waschen. Wichtig: Verwenden Sie, wenn überhaupt, nur ein mildes Hundeshampoo ohne Duftstoffe. Die meisten Verschmutzungen lassen sich auch mit klarem Wasser abwaschen. Das ist für die empfindliche Hundehaut viel besser und bewahrt den natürlichen Fettfilm des Fells – der übrigens eine Art Selbstreinigungsmechanismus gewährleistet.

Sind Sie fertig, darf der Hund wieder aus der Wanne. Aber nicht hektisch und aufgeregt, sondern genauso ruhig, wie er hineingekommen ist. Auch das vermittelt ihm, dass Duschen nicht gefährlich ist und er sich nicht aufregen muss.

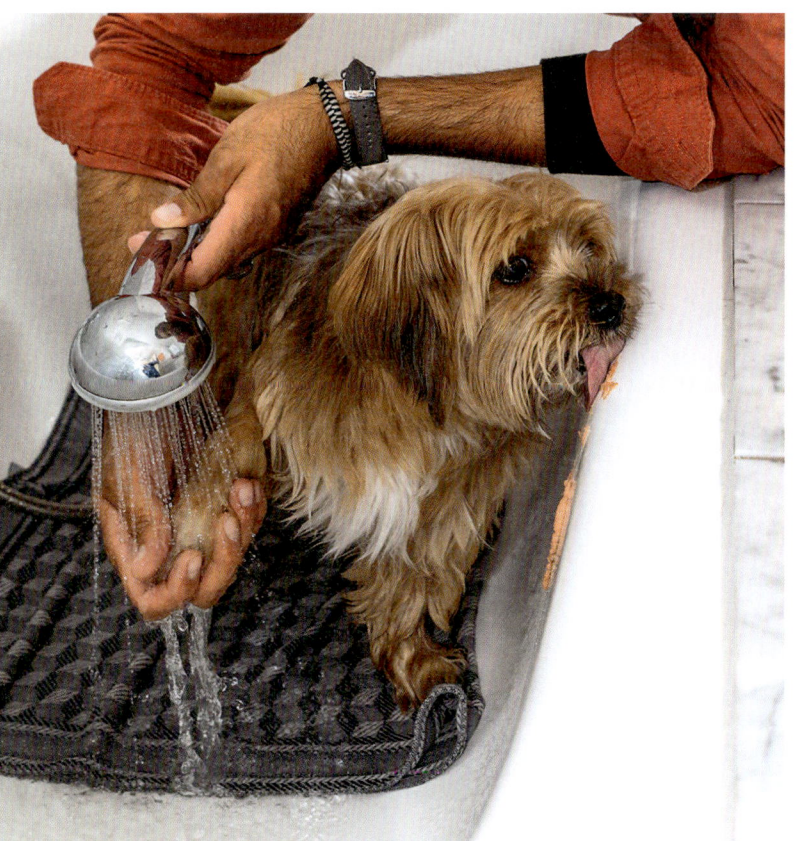

Trick 17: Ein Klecks Hundeleberwurst am Wannenrand hat Fritz' Interesse geweckt und lenkt ihn ab. Er ist so sehr mit Schlecken beschäftigt, dass er gar nicht richig mitbekommt, was ich alles mache.

Auf Augenhöhe: *Auch große Hunde mögen es nicht besonders, wenn man sich über sie beugt.*

Ablenken: *Während ich ihr ein Leckerchen zustecke, lässt sich Mädchen bereitwillig die Pfote abtrocknen.*

Loben: *Positive Rückmeldung motiviert Hunde, weil sie ihnen zeigt, dass sie etwas richtig machen.*

Nicht hudeln: *Jede Pfote will mit der gleichen Aufmerksamkeit behandelt werden. Das ist nur höflich.*

PFOTEN REINIGEN

Wenn es regnet oder wir irgendwo unterwegs waren, wo es matschig ist, trockne ich immer die Pfoten meiner Hunde ab, ehe sie in die Wohnung dürfen. Das ist bei großen Hunden wie Mädchen in der Regel problemlos. Kleinere aber erschrecken schnell und fühlen sich unwohl, wenn man sich allzu unachtsam über sie beugt.

Ich gehe daher bei meinen Minis immer in die Hocke, setze mich auf eine Treppenstufe oder stelle die Hunde selbst auf eine Erhöhung. Dadurch vermeide ich, dass ich mich über sie beuge und ihnen die Pfoten hochziehen muss – zumal die Pfoten sehr empfindlich sind und manche Hunde wirklich ein Problem damit haben, wenn man ihnen daran herumfummelt. Auch hier spreche ich mit sanfter Stimme auf den Hund ein. Ich streichele ihm das Beinchen hoch, sodass er mir vielleicht sogar die Pfote anbietet und ich sie mit einem weichen Handtuch abtrocknen kann. (Das Ganze klappt übrigens genauso, wenn Sie die Pfote mit einem feuchten Tuch sauber wischen wollen.) Sie werden sehen: Wenn Sie nicht ruppig sind, sondern sich achtsam verhalten, kann auch ein eher unangenehmes Ritual zu etwas Schönem werden Lassen Sie nicht zu, dass die reine Bequemlichkeit Sie unhöflich werden lässt.

FELLPFLEGE

Von meinen vier Hunden ist einer besonders fellpflegebedürftig: der kleine Fritz. Sein zotteliges, langes orangerotes Fell verfilzt recht schnell, weshalb er ständig gebürstet und alle paar Monate geschoren werden muss. Auch das übernehme ich selbst, so wie mein Vater es früher mit dem Haareschneiden bei mir getan hat.

Die Voraussetzung für einen entspannten heimischen »Friseurbesuch«: ein gewisses Maß an Müdigkeit. Ich laufe daher vorher immer eine ordentliche Runde mit Fritz und gebe ihm dann sein Futter. Anschließend darf er sich eine Weile entspannen – und sobald er etwas Kraft getankt hat, mache ich ihn schön. Dabei achte ich darauf, dass er immer im Bilde darüber ist, was ich mit ihm vorhabe. Ich lasse ihn also zuerst an der Bürste oder der Haarschneidemaschine riechen. Bevor ich ansetze, gebe ich ihm außerdem eine Kaustange. Damit ist ihm nicht langweilig, und außerdem wirkt Kauen entspannend. So kann Fritz, wie Sie auf der nächsten Seite sehen, die Prozedur fast genießen.

Zeigen: *Damit Fritz nicht erschreckt, zeige ich ihm die Geräte und lasse ihn daran schnuppern.*

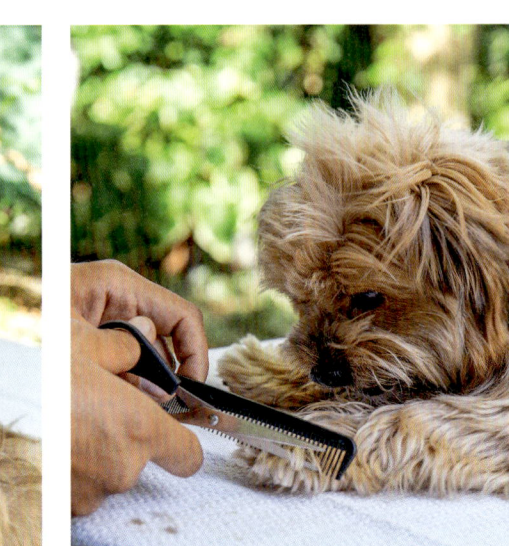

Schneiden: *Vorsichtig kürze ich das Fell an den Pfoten. Um ihn zu beruhigen, spreche ich leise mit ihm.*

Sicherheit: *Ich verwende eine Schere mit abgerundeten Spitzen, um Verletzungen zu vermeiden.*

Geschafft: *Fritz hat wieder den vollen Durchblick – und kann zurück zu den anderen.*

Auch beim Scheren gilt: *Erst zeigen, dann auch noch anschalten, damit er das Brummen kennt.*

Körperkontakt halten: *Weil meine Nähe ihn beruhigt, lege ich die freie Hand sanft auf Fritz' Rücken.*

Unterstützen: *Wenn er zu unruhig wird, füttere ich ihn nebenbei mit Leckerchen.*

»Worüber ich mich am meisten freue: Dass Fritz überhaupt so intensiv gepflegt werden muss. Denn als er aus Bukarest zu mir kam, hatte er Demodikose, eine parasitäre Hauterkrankung, aufgrund derer er kein einziges Haar mehr am Körper trug und aussah wie ein gerupftes Huhn. Schön, dass das der Vergangenheit angehört und ich heute die Möglichkeit habe, ihm das Fell zu machen.«

HOCHHEBEN

Erinnern Sie sich an Coco, die kleine Chihuahuahündin, die den Großteil ihres Lebens in Frauchens Handtasche verbringt (siehe Seite 146)? Wie sie lassen sich die wenigsten Hunde gerne hochheben. Trotzdem passiert es den meisten kleinen Hunden ständig – wie Coco eben auch: Ein Arm streckt sich aus dem Himmel hervor, packt sich den kleinen Körper und zieht ihn wie ein Greifautomat auf der Kirmes nach oben. Die meisten Hunde werden dabei völlig steif, oder wie es in der Fachsprache heißt: sie freezen.

Die Ohnmacht, die ihr Hund empfindet, wenn er unbedacht hochgehoben wird, ist den wenigsten Hundehaltern bewusst. Umso schlimmer, dass Im-Nacken-packen-und-Hochheben bis heute benutzt wird, um Hunden eine unerwünschte Verhaltensweise abzugewöhnen (über den Unsinn solcher aversiven Trainingsmethoden habe ich auf Seite 119 schon geschrieben). Dabei gibt es auch hier Möglichkeiten, um den Hund für ihn angenehm aufzuheben.

»Sich-Hochheben-Lassen ist eine Sache des Vertrauens.«

Ich habe ja selbst drei kleine Hunde, die ich ständig hochheben muss. Um sie nicht zu erschrecken, gehe ich in die Hocke und lade sie ein, sich auf meinen Schoß aufzustützen. Dabei halte ich sie mit der einen Hand seitlich fest und stütze sie mit der anderen am Po. So gesichert, geht es dann langsam nach oben. Das lassen sie gerne zu und sind trotz meiner Körpergröße von fast zwei Metern sichtlich entspannt. Die Frage ist eben nicht, was gemacht wird, sondern wie.

Vorsichtig ausprobieren

Wenn jemand hochgehoben wird, gibt er jegliche Kontrolle über seinen Körper ab. Umso wichtiger ist es, dass derjenige, der ihn hebt, dies mit aller Vorsicht macht. Vor allem bei etwas schwereren Hunden kann man leicht die sensiblen Stellen am Bauch und an den Achseln quetschen. Nehmen Sie sich daher Zeit und üben Sie das Heben vorsichtig. Achten Sie auf die Signale, die Ihr Hund dabei aussendet, so können Sie genau sehen, was er in Ordnung findet.

Wenn der Hund aktiv mitmachen darf, ist die Lageveränderung für ihn weniger überraschend und verunsichert ihn nicht.

STAUBSAUGEN

Dinge wie Staubsauger (und das, was wir damit machen) ergeben für unsere Hunde überhaupt keinen Sinn. Sie wissen nur, dass so ein Gerät laut ist und sich vor und zurück bewegt – und manchmal geradewegs auf sie zu. Dass sie daraufhin verschreckt reagieren oder sogar auf Konfrontation gehen, ist eigentlich nicht sehr verwunderlich: Stellen Sie sich doch nur mal vor, Sie wären groß wie ein Dackel und ein riesiger, klobiger Kasten käme mit exorbitantem Getöse auf Sie zugesteuert. Und jetzt denken Sie mal an die vier F's. Tatsächlich haben nicht wenige Hunde ein Problem mit dem Staubsauger. Sie laufen vor ihm davon, erstarren, fangen zu zittern an, bellen oder attackieren das saugende Ungeheuer … Ich kenne Hundehalter, die deswegen erst recht direkt auf den Hund zusaugen – in der Hoffnung, sie könnten ihn so »schocktherapieren«. Keine gute Idee!

Auch mein Liselchen fühlte sich, als sie noch sehr jung war, ziemlich unwohl, sobald ich das Gerät hervorholte. Ich konnte sie jedoch mit etwas Geduld rasch umkonditionieren. Dazu rollte ich ihr jedes Mal ein

Splitten: *Indem ich mich zwischen Liselchen und den Staubsauger stelle, entschärfe ich die Situation.*

Abschirmen: *Noch deutlicher wird dieses Zeichen, wenn ich vollen Einsatz zeige und in die Hocke gehe.*

Leckerchen vor die Füße, wenn ich mich beim Saugen auf sie zube-
wegte. Dem konnte sie nicht widerstehen.

Sobald sie – derart besänftigt – das Gerät aus der Ferne akzeptieren
konnte, ging ich einen Schritt weiter: Ich saugte nah um sie herum.
Dabei splittete ich, indem ich mich komplett oder zumindest einen
Fuß, ein Bein, meinen Arm oder meine Hand zwischen ihr und dem
Gerät positionierte – bediente mich also selbst eines hündischen Be-
schwichtigungssignals. Und solche Signale versteht ein Hund instinktiv.
Dabei sprach ich ruhig auf Liselchen ein und ließ sie meine gelassene
Stimmung spüren. Sie können sich vermutlich mittlerweile gut vor-
stellen, wie schnell sie begriff, dass das Teil ungefährlich ist.

Höfliches Verhalten und der Einsatz beschwichtigender Signale (Splitten) ist eben weitaus erfolgversprechender als jede »Methode«, bei
der der Hund ohne Rücksicht auf Verluste einfach mit dem Problemver-
ursacher konfrontiert – und so im wahrsten Sinn des Wortes in die Ecke
getrieben wird. Ich kann inmmer nur wieder betonen: Überlegen Sie
selbst, wie Sie es lieber lernen würden.

Schützen: *Wenn ich noch näher heranmuss, platzie-
re ich meine Hand zwischen ihr und dem Schlauch.*

Zuwendung: *Leise Ansprache sorgt auch in diesem
Fall für weitere Entspannung.*

»Bleib, bleib … Bleib!« Das oder Ähnliches hören viele Hunde heute sicher oft – während ihr Frauchen oder Herrchen versucht, das perfekte Instagram-Bild zu schießen. Überhaupt: Hat man einen Hund, braucht man eigentlich eine weitere Festplatte für die Aufnahmen und Videos von ihm.

Guck doch mal!

Ich gestehe: Meine Hunde müssen ebenfalls manchmal für ein schönes Foto herhalten. Was auch nicht schlimm ist. Ich lasse sie ja nicht durch Feuerringe springen … Ich schaue mir auch sehr gerne Fotos von anderen Hunden und ihren Menschen an – am liebsten solche, auf denen sie gemeinsam in der freien Natur unterwegs sind. Weil ich gerne selbst solche Abenteuer mit meinen Hunden erleben möchte. Was mir aber auf vielen Bildern in sozialen Netzwerken immer wieder auffällt: Nicht allen scheint es immer so viel Spaß zu machen wie dem Fotografen. Den vierbeinigen Protagonisten sieht man ihre Unlust oft deutlich an. Was ihren Frauchen und Herrchen so viel Freude bereitet, scheint ihnen gar nicht zu gefallen. Es gibt so viele Fotos, auf denen der Hund deutlich zeigt, dass er nicht mit der Kamera flirten will. Er wendet sich beispielsweise von seinem Menschen ab oder gähnt. Bei manchen Selfies gähnen dann die Menschen mit oder strecken schnell die Zunge heraus. Als wollten sie so demonstrieren, wie eng sie sich stehen …

Manche Fotos sprechen Bände

Unsere Hunde verstehen unsere fotografischen Ambitionen nicht. Für sie macht es keinen Sinn, ein Leckerli auf der Nase zu balancieren. Sie fühlen sich schnell gestresst, wenn wir die unmöglichsten Dinge von ihnen verlangen – und das schadet dem Verhältnis zueinander. Dabei spricht ein Foto, auf dem der Hund von seinen Menschen wegrückt oder den Kopf abwendet, doch für sich. Oder was würden Sie denken, wenn auf dem Schreibtisch Ihres Arbeitskollegen ein Foto von ihm und seiner Frau stünde, auf dem sie sich sichtlich von ihm wegdrückt, während er sie fest im Arm hält und in die Kamera grinst? Für die Beziehung zu unseren Vierbeinern gelten ganz ähnliche Regeln. Doch halten wir uns immer daran?

Zugegeben, das ist jetzt etwas überspitzt dargestellt. Doch solche kleinen Missverständnisse häufen sich, und so kann an einem Tag ganz schön was zusammenkommen. Und für die Mensch-Hund-Beziehung sind diese kleinen »Baustellen« pures Gift, weil sie das Fass schließlich irgendwann zum Überlaufen bringen.

Motivation ist alles

Ich will Sie nicht davon abhalten, die vielen schönen Momente mit Ihrem Hund für die Ewigkeit (oder für den Rest der Welt) in einem Foto festzuhalten. Aber motivieren Sie ihn artgerecht. Lassen Sie ihn nichts Hundeuntypisches machen, und falls doch, achten Sie bitte auf sein Empfinden. Wenn Sie kreativ sind und es Ihrem Hund dabei gut geht, er vielleicht sogar Spaß dabei hat und gefördert wird, können Sie ihn meinetwegen tanzen lassen. Was ich damit sagen will: Wenn ein Hund kurz sitzen muss und mit schräg geneigtem Kopf versucht, uns zu verstehen, während wir versuchen mit den ungewöhnlichsten Geräuschen seine Aufmerksamkeit zu bekommen, ist das eine Sache. Aber den Hund für ein Foto zu kostümieren und ihn mehr oder weniger gewaltsam auf den Rücken zu legen, ist höchstens für eine Partei lustig. Für den Hund ist es nachhaltig verstörend.

Und jetzt klicken Sie sich doch einfach mal durch ein paar Hundeseiten im Netz. Sie werden erstaunt sein, wie viele Signale Sie wiederfinden. All diese Hunde, sie müssen doch denken, dass wir verrückt sind.

EIN PAAR WORTE ZUM SCHLUSS

Wir verlangen so viel von unseren Hunden, aber die unzähligen Stunden des Trainings, die es dafür braucht, wollen wir nicht auf uns nehmen. Es soll alles schnell gehen, alles soll einfach so klappen. Bis eine Übung aber generalisiert ist (generalisiert heißt, dass das, was der Hund tun soll, in jedem Fall und überall funktioniert), ist viel Arbeit und Selbstdisziplin notwendig. Dafür braucht es Zeit und auch Geduld. In dieser Zeit darf der Hund auch einmal Fehler machen (dasselbe gilt für seinen Menschen). Wichtig ist aber, aus diesen Fehlern zu lernen und sich weiterzuentwickeln. Die Fairness unseren Tieren gegenüber gibt unserer Beziehung den Raum, den sie braucht, um sich zu entfalten. Stellen Sie sich vor, Kinder würden so denken wie manche Erwachsene. Dann würden sie, wenn sie zehnmal versucht hätten zu stehen und immer wieder hingefallen wären, sagen: »Ach, lass mal. Weißt du was, ich bleibe liegen. Das Stehen ist nicht so meins.«

Geben Sie, wie ein Kind, nicht auf! Ich weiß, dass es schwer ist. Aller Anfang ist schwer. Aber von Mal zu Mal werden Sie besser und stärker. Trauen Sie sich. Sie können mehr. Und Sie sind nicht allein. Vielen geht es so wie Ihnen. Viele haben Schwierigkeiten im Umgang mit ihrem Hund. Sehen Sie es als Herausforderung – und als eine wunderbare Möglichkeit, sich selbst neu zu erfahren. Lebend werden wir diesen Planeten alle nicht verlassen. Lassen Sie uns also so viel wie möglich mitnehmen, sehen und erfahren. Lassen Sie uns Fehler machen, aus ihnen lernen und wieder andere Fehler machen. Das Leben ist schön! Und mit Hunden ist es noch schöner.

GELASSEN BLEIBEN IST DAS A UND O

Haben Sie selbst einen Hund, der, weshalb auch immer, ein Opfer seiner eigenen Emotionen ist? Konflikte lassen sich nicht immer vermeiden – und das muss auch gar nicht sein. Entstehen sie aber, denken Sie zuerst daran, die Ruhe zu bewahren, dann zu visualisieren, also zu begreifen und sich Gedanken zu machen, was zu tun ist, um schließlich zu handeln – im Sinne Ihres Hundes, Ihrer Umgebung und Ihrer selbst. Ihr Hund wird es Ihnen von Herzen danken, glauben Sie mir.

Einfach mal innehalten: Ein gewisses Maß an Selbstreflexion ist für uns Hundehalter unerlässlich. Denn jede Veränderung beginnt in uns.

Jede Veränderung beginnt in uns

Ich denke, dass man von uns Menschen durchaus verlangen kann, mehr über Hunde zu wissen, als diese über uns wissen. Schließlich hat bis jetzt noch kein Hund an meiner Türe geklopft und gesagt: »So, hier bin ich, und ich ziehe jetzt hier ein!« Wir treffen die Entscheidung darüber, ob wir ein Lebewesen anschaffen, und damit sind wir auch verantwortlich für uns, unseren Hund und die Gesellschaft, in der wir uns mit dem Hund bewegen. Ich zum Beispiel lasse keinen Hund von der Leine, ohne vorher mit ihm den Rückruf geübt zu haben. Aber ich verlange dann auch, dass er kommt, selbst wenn er mitten in der Kontaktaufnahme mit einem Artgenossen ist. Dass er sich für mich entscheidet, sobald ich ihn rufe.

Ich kann auch nichts von meinem Hund verlangen, wenn ich es selbst nicht vorlebe. Unruhe mit Unruhe bewältigen? Aggression mit Wut und Frustration bekämpfen? Angst mit Unsicherheit bekämpfen? Das geht nicht. Somit bleibt nur eins: Jede Veränderung beginnt bei uns. Ich habe, als ich damals mit Mädchen arbeitete, eine Liste mit allen ihren unerwünschten Verhaltensweisen aufgestellt. Im Laufe der Arbeit mit diesem widerspenstigen Tier merkte ich, dass ich einige meiner eigenen emotionalen Zustände ebenfalls auf dieser Liste wiederfand. Nicht weil ich sie immer mehr von Mädchen übernahm, sondern weil sie schon lange mehr oder weniger unentdeckt in mir schlummerten. Da wusste ich, dass Mädchen mir nicht folgen würde, solange ich mich nicht selbst verändern würde.

Wir müssen ein Vorbild sein

Sie ziehen an der Leine, nur weil Ihr Hund zieht? Wo ist da die Logik? Sie gehen aggressiv mit Ihrem aggressiven Hund um? Was ergibt das für einen Sinn? Fragen Sie sich immer wieder: Welche Werte gebe ich meinem Tier mit? Wie würde ich mit einem Kind umgehen? Sicher nicht, indem ich Gleiches mit Gleichem bekämpfe.

Hunde lernen am Erfolg, also müssen Sie Ihrem Hund den positiven Erfolg zeigen. Suchen Sie nach Alternativen zu seinem (und Ihrem) bisherigen Verhalten. Seien Sie kreativ! Natürlich ist es einfacher, ein Symptom zu unterdrücken. Natürlich dauert es lange, ein Verhalten langfristig zu verändern. Aber es lohnt sich. Geben Sie sich und Ihrem Hund daher diese Zeit. Fördern Sie das Potenzial Ihres vierbeinigen Freundes. Motivieren Sie ihn, und es wird sich etwas verändern. Versprochen! Ich habe es selbst erlebt. Wenn Sie nicht aufgeben und hartnäckig, aber liebevoll dranbleiben, sich selbst nicht zu schade sind und dem Problem mit Liebe und Fairness entgegentreten, können Sie nur davon profitieren. Betrachten Sie das unangenehme Verhalten Ihres Hundes als Chance, sich zu entwickeln, sich zu beweisen und dem Tier ein Vorbild zu sein. Geben Sie Ihre positiven Eigenschaften weiter, indem Sie sie vorleben. Und nehmen Sie die Dinge, die Sie nicht so gut können, mit aller Ernsthaftigkeit wahr. Nur so können Sie sie verändern.

Fangen Sie an, und es wird. Ich wünsche Ihnen und Ihrem Hund dabei alles Gute!

REGISTER

BÜCHER UND ADRESSEN

BÜCHER

Böhm, Inga/von der Leyen, Katharina: **Die zweite Chance. Hunde mit Vergangenheit.** Kosmos Verlag

Lenzen, Dirk: **Wenn Hunde sprechen könnten und Menschen richtig zuhören.** Gräfe und Unzer Verlag

Lindner, Roland: **Was Hunde wirklich wollen.** Gräfe und Unzer Verlag

Ludwig, Gerd/Wegler, Monika: **Hunde verstehen lernen.** Gräfe und Unzer Verlag

Rugaas, Turid: **Calming Signals – die Beschwichtigungssignale der Hunde.** Animal learn

Schlegl-Kofler, Katharina: **Hundesprache. Damit wir uns richtig verstehen.** Gräfe und Unzer Verlag

ZEITSCHRIFTEN

Der Hund. Deutscher Bauernverlag GmbH, www.derhund.de

Partner Hund. Gong Verlag, Ismaning, www.partner-hund.de

ADRESSEN

Verband für das deutsche Hundewesen e.V. (VDH) Westfalendamm 174 44141 Dortmund www.vdh.de

Österreichischer Kynologenverband (ÖKV) Siegfried-Marcus-Straße 7 A-2362 Biedermannsdorf www.oekv.at

Schweizerische Kynologische Gesellschaft (SKG) Brunnmattstraße 24 CH-2007 Bern www.skg.ch

INTERNETSEITEN

www.masih-samin.de Internetseite des Autors

DIE WERDEN SIE AUCH LIEBEN.

IMPRESSUM

© 2018 GRÄFE UND UNZER
VERLAG GMBH, München

Projektleitung: Nadja Harzdorf, Sylvie Hinderberger
Lektorat: Sylvie Hinderberger
Bildredaktion: Petra Ender, Nadja Harzdorf, Sylvie Hinderberger
Umschlaggestaltung und Layout:
independent Medien-Design, Horst Moser, München
Satz: Christopher Hammond
Herstellung:
Martina Koralewska
Repro: Longo AG, Bozen
Druck & Bindung:
Firmengruppe APPL, aprinta druck, Wemding

Printed in Germany

ISBN 978-3-8338-6683-8

4. Auflage 2019

BILDNACHWEIS

Cover: Guido Schröder
Weitere Bilder: Alle Fotos in diesem Buch stammen von Julian Weiser, mit Ausnahme von: Debra Bardowicks: Seite 12, 24–25, 29, 36, 49, 60, 64–65, 66, 101, 115, 118, 126, 129, 133, 135, 142, 150, 168, 182–183, Guido Schröder: Seite 10, 34, 73, 140, 187 und Shutterstock: Seite 181.

Syndication:
www.seasons.agency

Die GU-Homepage finden Sie unter www.gu.de

Umwelthinweis: Dieses Buch ist auf PEFC-zertifiziertem Papier aus nachhaltiger Waldwirtschaft gedruckt.

KONTAKT
GRÄFE UND UNZER VERLAG
Leserservice
Postfach 86 03 13
81630 München
E-Mail: leserservice@graefe-und-unzer.de
Telefon: 00800 / 72 37 33 33*
Telefax: 00800 / 50 12 05 44*
Mo-Do: 9.00-17.00 Uhr
Fr: 9.00-16.00 Uhr (*gebührenfrei in D,A,CH)

GRÄFE
UND
UNZER

Ein Unternehmen der
GANSKE VERLAGSGRUPPE

 www.facebook.com/gu.verlag